让手作包与众不同的百变提手

〔日〕越膳夕香　著

罗蓓　译

河南科学技术出版社

·郑州·

目录

Part 3

U 形、直棒形提手

Part 4

设计巧妙的原创提手

关于提手的尺寸

p.6~42作品号码下方的数字，为所使用提手的尺寸。
可作为制作包包时的参考数据。

尺寸的测量方法

圆形
圆的直径

皮革
提手的宽 × 长

可以调整长度的提手，标记了
最短和最长的尺寸。

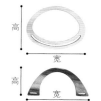

椭圆形、四边形、U 形
宽 × 高

单提手
宽 × 高 × 厚

Part 1

环形提手

环形提手的形状、材质种类繁多。

有圆形、椭圆形、正方形、长方形等多种形状。

在材质上，有木制（01、06、07、08）、竹质（03）、藤编（04）、金属（10）、

塑料（02、05、09）等。

根据包包布料的颜色、质地来选择提手，是件有趣的事情。

简单的环形提手，不论它的形状如何，

一般都是用口布把它包裹住缝上。

有的提手是用线缝在袋布的外侧（04），

也有的提手则是用口布穿过开口缝上的（07、08）。

另外，还有的提手洞口大（03、07），可以挎在肩上。

稍微有些变化的，就是把袋布剪出提手的形状后嵌入提手，

有用螺钉固定的（09），也有用齿固定的（10）。

如果使用嵌入式的提手，就要用结实的布料，

比如制作有褶皱的祖母手提包，

更适宜用薄且柔软的布料。

01

直径16cm

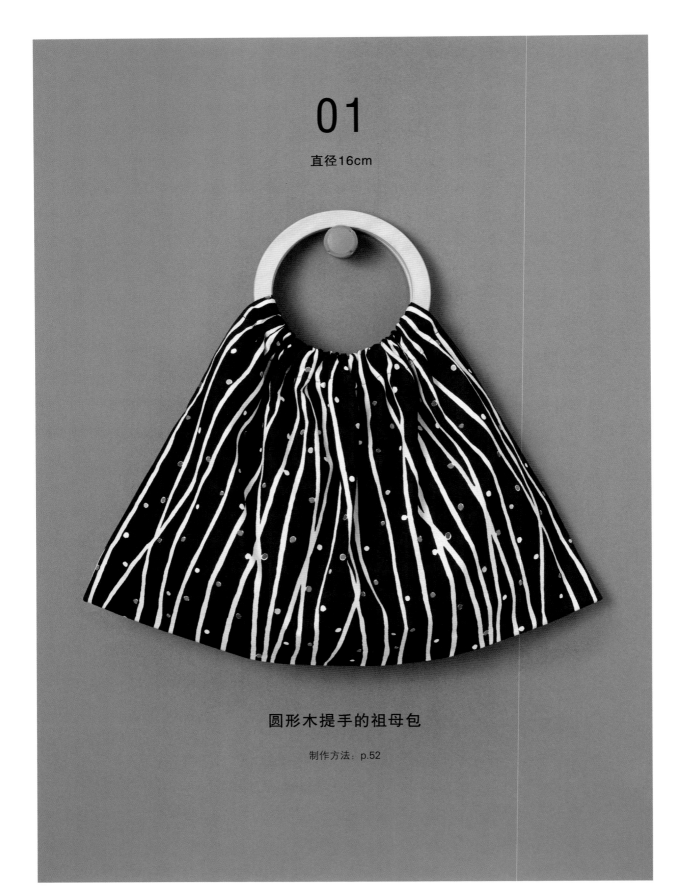

圆形木提手的祖母包

制作方法：p.52

02

15.5cm × 10.5cm

椭圆形塑料提手的祖母包

制作方法: p.53

03

直径21cm

竹节提手的大号祖母包

制作方法：p.54

04

直径约16cm

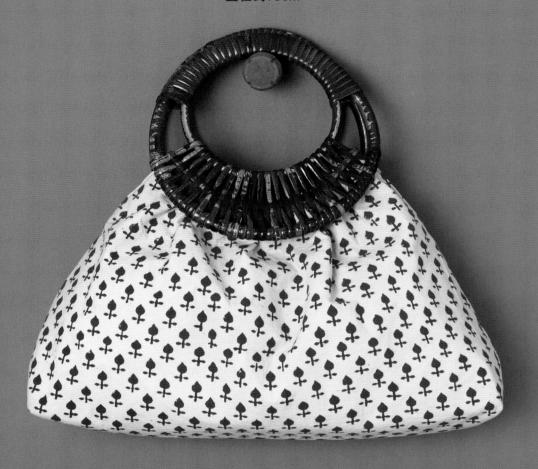

藤编提手的小号祖母包

制作方法：p.55

05

12.5cm × 12.5cm

正方形塑料提手的迷你包

制作方法：p.56

06

15cm × 9cm

长方形木提手的托特包

制作方法：p.57

07

23cm × 17.5cm

带开口的木提手长方形包

制作方法：p.58

08

30cm × 12cm

带开口的木提手祖母包

制作方法：p.59

09

13cm × 9cm

嵌入式塑料提手的椭圆底包

制作方法：p.60

10

11cm × 5cm

嵌入式椭圆形提手的两用包

制作方法：p.61

Part 2

皮革提手

即使是款式非常简洁的托特包，
只要配上合适的皮革提手，就能瞬间改变包的外观。
每款提手都在设计上更注重安装方便，
所以使用起来，比单纯的皮革条要方便多了。
开了针孔的提手（15、16、17、18），
用结实的线，手缝就能缝上。
把金属扣用钳子固定在两端的类型（11），
以及开孔用铆钉固定的类型（12），
都是在袋布完成后安装的，操作简单。
两端有环的类型（13、14），是通过布襻与袋布进行连接的。
提手种类繁多：有便于手提的，有单肩的，
有斜挎的。提手的长度也各不相同，
还有可以调节长度的皮革提手（13、16、17、18），
以及用暗扣来固定两端的，
可根据自己的喜好来选择。

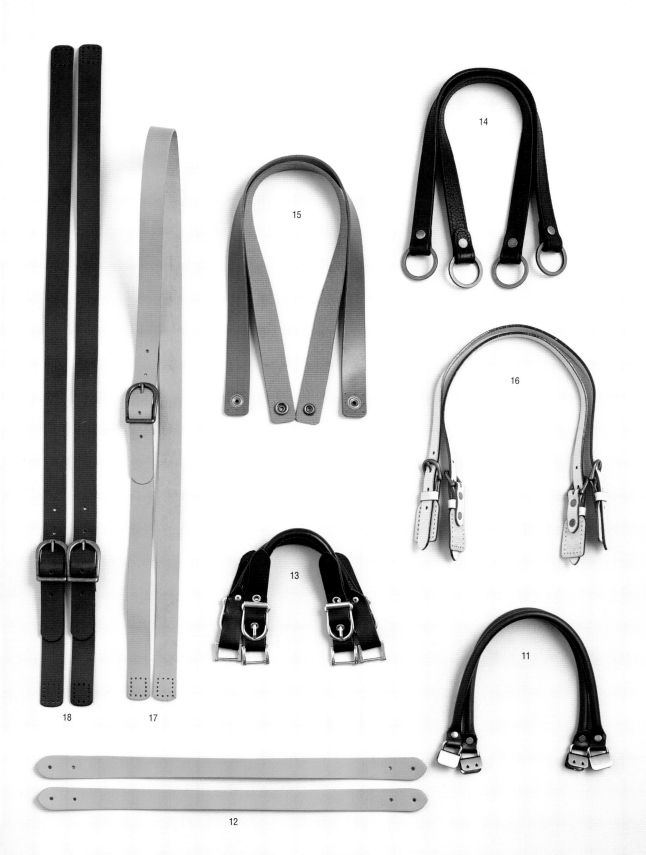

14

15

16

18

17

13

11

12

11

0.8cm × 40cm

金属夹扣圆提手的褶皱包

制作方法：p.62

12

(2~2.5)cm×40cm

铆接提手的竖长托特包

制作方法：p.63

13

1cm × (33~36) cm

可调节提手长度的椭圆包

制作方法：p.64

14

1.8cm × 50cm

皮革提手的长方形包

制作方法：p.66

15

2.5cm × 60cm

用暗扣固定皮革提手的两用包

制作方法：p.67

16

1.5cm×(51~63)cm

可调节长度的皮革提手的托特包

制作方法：p.68

17

2.2cm×(115~125)cm

可调节长度的皮革带斜挎包

制作方法：p.69

18、19

18 2.2cm × (60~70)cm   19 1cm × 22cm

可调节长度的皮革带
双肩包+杯套

18 制作方法：p.70 / 19 制作方法：p.72

Part **3**

U 形、直棒形提手

这组提手中比较多的是

利用在两端开的口来安装的类型（22、23、25、26、28）。

细长的开口，

通过用布襻、皮革带与袋布进行连接。

木制提手（23），在正面留有开口，

塑料提手（28），开口在侧面。

用麻绳绕成线圈形状后，与木制圆环组成的提手（25），

还有长度较长，可单肩背的藤编提手（26），

它们开口大，需要利用零件来安装，我会介绍几个范例。

竹节提手（22），横开的开口较小，

可以用绳子来固定，或者用金属扣穿过开口进行安装。

还有夹住袋口进行固定的类型，比如金属提手（20），是用铆钉来固定的，

又比如单肩背塑料提手（27），是用螺钉来固定的。

直棒形提手（24）是把棒子穿过口布后，两端嵌入圆球固定的。

提手基本上都是 2 根为 1 组的双提手，但是也有用 1 根的单提手（27、28）的。

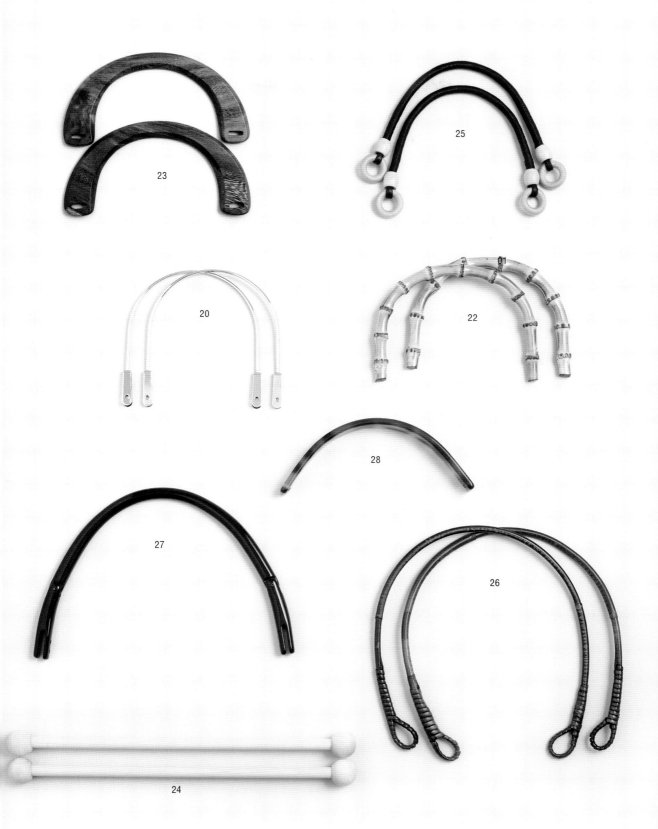

23

25

20

22

28

27

26

24

20、21

20 14.5cm × 15cm **21** 0.7cm × 38cm

U形金属提手的长方形包+迷你包

20 制作方法：p.74 / 21 制作方法：p.75

22

17cm × 11.5cm

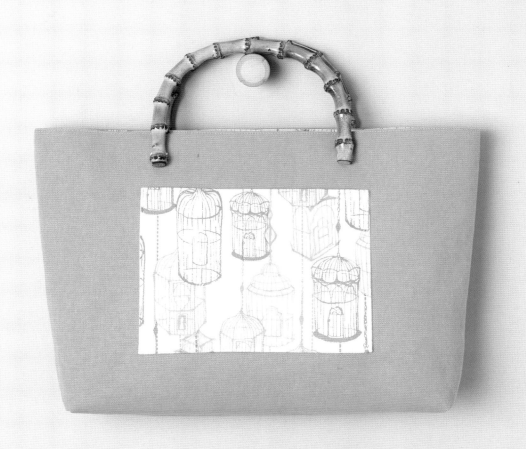

U形竹节提手的带外袋的托特包

制作方法: p.76

23

19cm × 10cm

U形木制提手的简约托特包

制作方法：p.77

24

宽31cm

直棒形提手的正方形包

制作方法：p.73

25

1cm × 35cm

蜗牛扣固定的麻编提手购物袋

制作方法：p.78

26

21cm × 24cm

花形扣固定藤编提手的百褶包

制作方法：p.79

27

28cm × 20cm

单提手牛角包形单肩包

制作方法：p.80

28

20cm × 8cm × 2.4cm

单提手带包盖手拎包

制作方法：p.82

Part 4

设计巧妙的原创提手

不直接使用现成的提手，
而是使用各种材料做出的原创提手，别有乐趣。
皮革、棉绳本身就能当提手，
如果把它们与金属配件组合在一起，就更有趣了。
长度也可以自由调节。
皮革和D形环（29），与喜欢的布组合在一起，就能做出包袱皮手拎包。
在W环形龙虾扣（30）上缠上丝巾或手帕，就会大变样。
粗棉绳和气眼（31），是很赞的组合。
椰壳扣（33），用线穿起来就能做成细提手。
另外，简单的塑料环是万能的提手材料。
只是用布条把塑料环包裹起来就能做成漂亮的环形提手。
当找不到理想的提手时，
建议你就像我说的那样，花点心思用手边的材料去尝试一下。

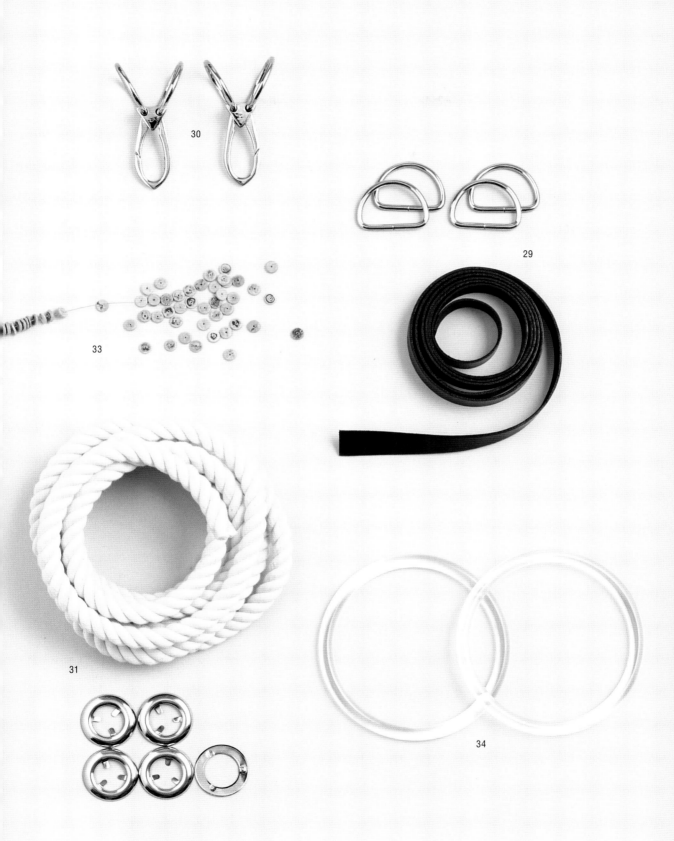

30

29

33

31

34

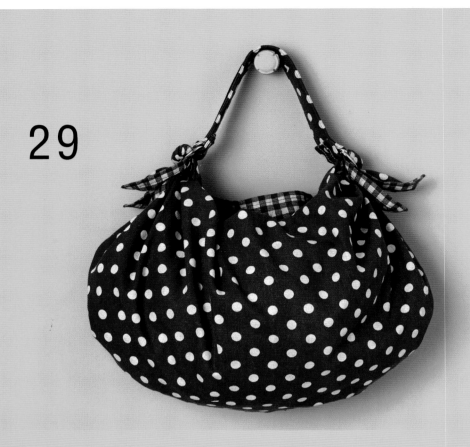

包袱皮布饺子包

制作方法：p.81

30

可拆卸布包带的单肩包

制作方法：p.84

31、32

棉绳提手的海洋风托特包 + 小包

制作方法：p.85

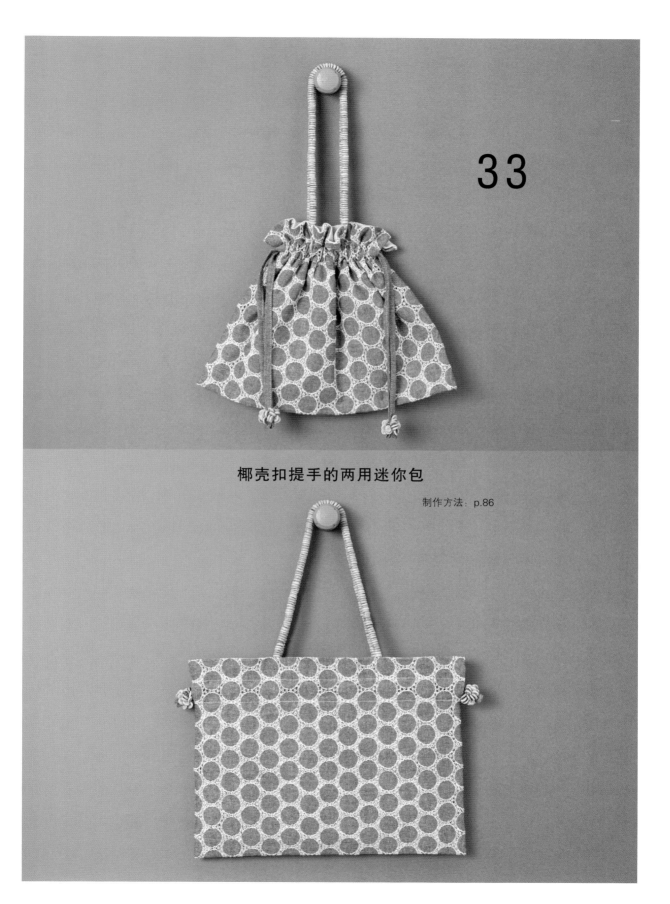

33

椰壳扣提手的两用迷你包

制作方法：p.86

34

直径13cm

圆环提手的祖母包

制作方法：p.87

制作方法

关于标识

● 关于提手

在材料上标出的提手写明了各自的型号、颜色和尺寸。

例：KM-17	深棕色	0.8cm×40cm
型号	颜色	尺寸

● 关于尺寸

布的尺寸，用宽 × 长来表示。容易脱线的布或者需要搭配图案的布，要比标记的尺寸多准备一些。

● 完成尺寸

完成尺寸，如下标记。

宽 ×	不含提手的高 ×	厚

纸型的使用方法

● 基本使用方法

把硫酸纸等较薄的纸叠放在实物大纸型上，然后描下来，做成纸型。把纸型叠放在布上，用水消笔等在布上画出轮廓线，然后沿着轮廓线裁剪。关于对齐记号，在完成线上的对齐记号处，用锥子扎出小孔，留下记号。纸型需要反复使用的时候，最好在裁好的纸型背面贴上硬纸板。

● 觉得制作纸型麻烦时

如果使用的是透明黏合衬，可以直接拓印。把黏合衬的粘胶面朝下，叠放在实物大纸型上，画出轮廓，对齐后，大致剪下黏合衬贴在布上，最后沿缝份线裁剪就可以了。需要注意的是，画记号时，不要使用高温消失笔。

● 关于没有纸型的部分

本书中，像口袋等画出直线就能完成的部分，没有附纸型。请用硬纸板来制作纸型，或者在布上直接画出直线后裁剪。

关于黏合衬

● 黏合衬的种类

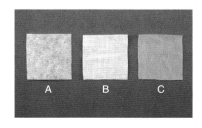

A 不织布黏合衬

基础布是由纤维缠绕在一起形成的，所以没有布纹方向，从哪个方向都可以裁剪，好处理，使用范围广。本书中的作品，主要使用的是薄的不织布，防伸缩性能佳。

B 机织黏合衬

机织布是把线交叉织成的类型，用在表布上很伏贴，所以经常用于制作西服，当然也可以用于制作包包。

C 针织黏合衬

质地为编织而成的针织黏合衬，更有弹性，与机织黏合衬相比更能与表布贴合，但是操作起来有点难。

● 选择方法　黏合衬要根据作品完成时的感觉来选择。

想做出严丝合缝的感觉→**不织布黏合衬**
想做出褶皱、柔软的感觉→**机织黏合衬**
想做出更柔软的效果→**针织黏合衬**

在同一种类型的布中还有各种不同的种类。有用在表布和里布中间的，也有只贴在表布上的。

● 粘贴方法

把黏合衬有胶的一面与布的背面对齐叠放。熨斗的温度调至中温，从黏合衬的中心向外侧，整体按着进行粘贴。如果滑动着熨烫，布会被拉长，或者黏合衬上会产生褶皱，所以要注意。

使用提手时需要注意的地方

● 关于天然材质的提手

用木头、竹子、藤条等天然材质做成的提手，在颜色或者竹节的位置等上有差异。挑选时，要看仔细。

● 用线固定的 U 形提手

在 U 形天然材质的提手中，有用线固定的提手。缝上线是为了防止提手变形，所以在包上安好提手后，要剪掉起固定作用的线。如果把线剪掉的话，提手有可能裂开，所以在保存的时候要注意。

● 关于提手的正、反面

木制提手，有的有正、反面。正面一侧的边缘进行了修边处理，所以从侧面看边缘呈斜线。安装提手时，注意不要把正、反面搞错了。

使用与书中作品不同的提手时

使用不同的提手时，请尽可能选择与作品相近的尺寸。

● 环形提手

缠裹提手或者用布襻安装提手时，基本上可按照纸型的尺寸。开口的宽度有变化时，在纸型的中心处加宽或者缩窄进行调整。

● 皮革 U 形等类型提手

宽度或者长度有变化时，提手的安装位置也要发生变化。从袋口的中心向左、右均衡地移动，确定好位置后再安装。

● 用布襻安装的提手

提手开口的宽度发生变化时，布襻的宽度也要配合着进行变化。

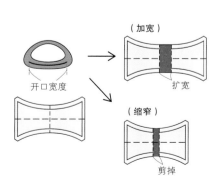

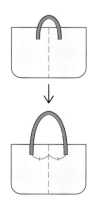

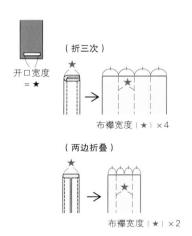

其他样式的提手

提手的种类还有很多。在这里介绍一下本书中没有出现的部分提手及使用方法。

带棒提手（木棒）

属于环形和 U 形之间的类型。像 p.12 作品 07、p.13 作品 08 一样，用口布把横棒包裹后进行安装。藤制。
RM-2　28cm×13cm

梯形提手

可以替换掉 p.6~7 作品 01、02 祖母包的提手。可以把提手上下颠倒着用。木制。
BR-2011　20cm×9.5cm

带棒提手（金属棒）

形状与上面介绍的提手相似，但是它有一根金属横棒，可以拆卸，所以可以缝好口布后再穿。提手部分为木制。
BM-1920　19cm×12.5cm

椭圆形开口提手

形状大致与 p.12 作品 07 的木制提手相同。材质为糖果色的塑料，营造出复古的氛围。
D7　23cm×17.5cm

章鱼形提手

可以先把 p.30 作品 23 的布襻安上，最后再穿它，或者把 p.31 作品 24 与这个提手比对后，再缩减尺寸。竹制。
D34　20cm×12cm

带环提手

木制提手，涂上了古旧风格的涂料。与 p.30 作品 23 相同，用布襻穿过提手上的环固定在袋布上。
BM-2015　21cm×12cm

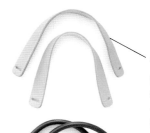

胡须形开口提手

形状非常独特，与 p.30 作品 23 一样，用布襻穿过开口固定在袋布上。木制。
MT-008　23cm×7cm

皮革开口提手

像 p.20 作品 13、p.21 作品 14 一样，把帆布带、布襻穿过开口，然后与袋布连接。
BM-3016　1.6~2.8cm×30cm

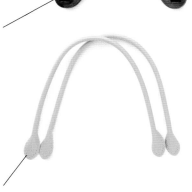

用一片皮革制成的提手

因为开有针孔，所以与 p.23 作品 16 相同，手缝固定。因为没有使用圆环、日字扣，且为一整片皮革，所以不能拆卸、不能折叠。
KM-16　0.8cm×52cm

皮革带耳提手

像 p.23 作品 16 一样，手缝固定。虽然不能拆卸，但是用环来连接，可以折叠，最后把袋口周围机缝时，比左图中的提手要好缝。
KM-18　0.8cm×46cm

Point Lesson 1

环形提手① 包住提手缝合

图片▶p.6、7

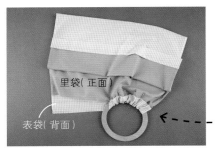

里袋（正面）

表袋（背面）

1 用表袋袋口的布边把提手包住，用珠针固定。

画记号

在折边位置画记号

里袋（正面）

为了使包裹提手的布长度统一，在安装提手前要折叠袋口。用骨笔在折边处画上记号。另外，在表布和里布重叠处，每隔一段距离就画上一个记号，一边将这些记号对齐，一边进行包裹。

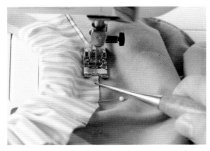

2 因为提手是圆形的，所以只要把提手包住就自然会出现褶子。现在是缝的状态，为了缝成直线，要一边把布展平一边缝合袋口。

3 袋口缝好，提手也就安装上了。

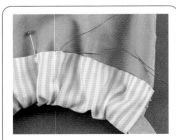

如果觉得一边包裹提手一边用缝纫机缝合比较难的话，手缝也是可以的，用卷针缝或者平针缝都行。

Point Lesson 2

环形提手② 用布襻安装

图片▶p.8、11

折三次 两端对折

黏合衬 布襻（背面） 布襻（背面） 黏合衬

1 折三次的布襻，纵向四等分折叠后，给完成后露在正面的一侧贴上黏合衬。两端对折的布襻，在它的中间贴上黏合衬，宽度为纵向二等分折叠的宽度。

0.2

（折三次）

（两端对折）

2 把布襻折三次或者对折后，两端压线。

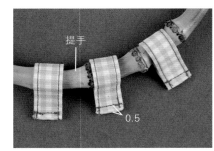

提手

0.5

3 安上提手，边端疏缝。是折三次还是两端对折，要根据布的厚度来决定。

Point Lesson 3

环形提手③
用藏针缝固定　图片▶p.9

1 根据提手安装位置的尺寸，来折袋口的褶子。

2 把线头打结后，在袋布上缝一针，然后穿过提手的边端。

3 袋布横着缝一针。

4 从提手的空隙处用珠针固定表布，再用手缝针竖着穿针缝合。

5 把表袋横着缝一针。像藏针缝一样把提手的间隙缝合固定。

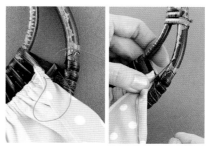

6 最后一针与起始针一样要穿过提手的边端。在袋布上用手缝针缝一针后打结，为了把线头藏在提手里，把线拉入提手后再剪断。

Point Lesson 4

嵌入式椭圆形提手　图片▶p.15

1 在安装提手的位置挖一个口。如果是容易脱线的布，可以沿着轮廓涂上黏合剂。

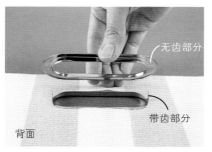

无齿部分

带齿部分

背面

2 从布的正面插入提手的带齿部分，从背面嵌入无齿部分。

将齿按压固定

背面

3 把布的边端塞入提手的中间，然后将齿按压固定。

Point Lesson 5

带齿气眼　图片 ▶ p.39、40

1 纸绳需要打开重新卷一次，为了使黏合剂附着得更好。

2 在气眼带齿部分的槽子里，加入黏合剂，然后沿着圆放入纸绳，再次抹上黏合剂。

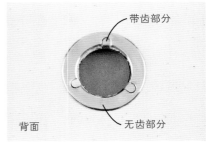

3 从袋布的正面插入气眼的带齿部分，从背面嵌入无齿部分，将齿按压固定。

带齿部分
无齿部分
背面

Point Lesson 6

皮革提手①
用铆钉固定　图片 ▶ p.19、28

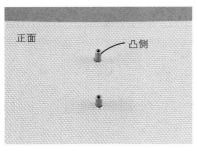

正面　凸侧

1 在袋布上用冲子或者锥子开口，从背面插入铆钉的凸侧。

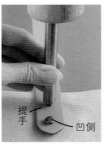

提手　凹侧

2 在袋布的正面放上提手、铆钉的凹侧，用木榔头敲打木棒，固定提手。

铆钉（凹）　木棒　提手　铆钉（凸）　底座

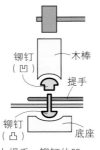

正面

3 提手固定好了。

Point Lesson 7

皮革提手②
用金属夹扣固定　图片 ▶ p.18

1 在提手的金属夹扣中间夹入袋布，垫上衬布，用钳子紧紧地固定金属夹扣。或者用钳子稍微夹一下，然后垫上衬布用木榔头敲打。

2 金属夹扣安装完成。确认一下袋布是否晃动，如果还晃动，就再加固一下。

Point Lesson 8

皮革提手③
用平针缝固定　图片▶p.22

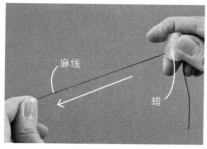

1　准备麻线，长度为缝合长度的4倍。一只手将蜡和麻线的一端捏住，另一只手拉线给麻线上蜡。

麻线　蜡

2　针上穿麻线，打结后在里袋上缝一针。皮革专用或者十字绣专用的圆头针会好用些。

里袋（正面）

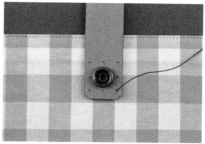

3　针穿过提手边端的小孔，拉出线。如果孔有点小，可以用锥子等工具把孔扎大一点。

4　在下一个孔入针，按照平针缝的要领往下缝。

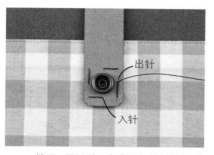

5　缝了一圈以后，在背面把线斜着拉过来出针。注意不要把针穿入先前的缝线里。

出针　入针

6　再缝一圈。缝完后，在提手和里袋之间出针，然后打结，把线拉入提手的下面再剪断。

Point Lesson 9

皮革提手④
用回针缝固定　图片▶p.23

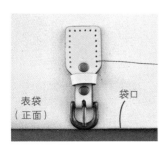

1　同Point Lesson 8的步骤1，做好准备工作，然后针上穿线。打结后在表袋上缝一针，然后从边端的第2个孔出针。

表袋（正面）　袋口

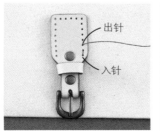

2　在第1个孔入针，在第3个孔出针，用回针缝的要领缝好一边。注意不要把先前缝的线分隔开。

出针　入针

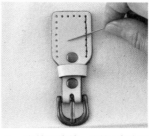

3　在缝弧线前，从第1个孔开始，按照顺序入针，然后拉线，注意线要拉紧。

4　剩下的两边用同样的方法缝合，把线拉紧。缝好后打结，把线拉入提手的下面再剪断。

Point Lesson 10

U 形竹节提手　　图片 ▶p.29

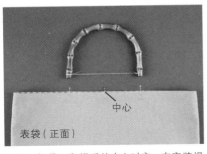

1 把袋口和提手的中心对齐，在安装提手的位置插上珠针。

2 针上穿线，在线的端头双线打结。在里袋上缝一针，然后针从打结的双线中间穿过去。

3 线穿过纽扣，在袋□□正面出针。纽扣建议使用直径与□手宽度大致相同的。

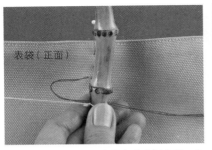

4 线穿过提手，在袋布的内侧出针。在纽扣和提手之间缝两三下。

5 在纽扣的下面出针，打结，然后把线拉入纽扣的下方剪断。

6 最后剪断提手之□□固定线。因为背面缝有纽扣，需□上固定提手的袋布因为受力而受到□□。

Point Lesson 11

用蜗牛扣固定　　图片 ▶p.32

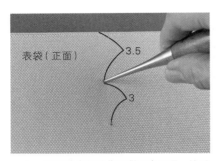

1 在安蜗牛扣的位置做2个记号，然后用锥子开孔。

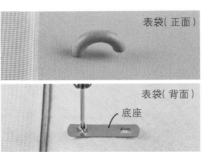

2 在表袋的正面放上半圆形配件，在内侧放上底座，然后在一边拧上螺丝，不要拧紧。

3 将提手穿过半圆□配件，然后从内侧拧上另一个螺丝，把两边的螺丝拧紧，固定好半圆形配□。

Point Lesson 12

单提手　图片 ▶ p.35

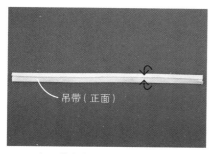

1　把吊带朝中心折叠。

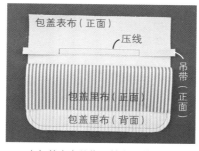

2　在包盖表布的位置缝上吊带的中间部分。把包盖的表布、里布正面相对对齐缝合。

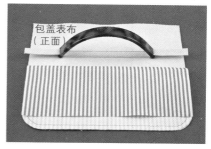

3　将吊带穿过提手的两端。

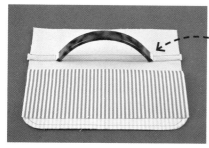

4　把吊带两端缝合。

机缝时，把压脚换成单侧压脚，就可以把提手的两端缝得很漂亮。

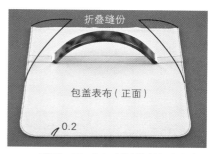

6　翻到正面，把两侧的缝份折向内侧，将3个边压线。

Point Lesson 13

椰壳扣提手　图片 ▶ p.41

1　用金属线穿上椰壳扣，然后把线的两端穿入袋口的表袋和里袋之间。

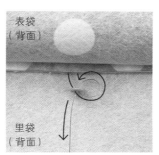

2　把从内侧穿出来的金属线穿入一颗椰壳扣，作其他用途，把金属线的端头再次穿过椰壳扣。

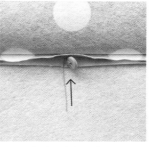

3　把金属线拉到袋口，固定。

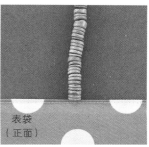

4　另一侧也用同样的方法用金属线固定。最后，要确认一下椰壳扣是否有松动。

01 圆形木提手的祖母包 图片：p.6

这款包用了纯木制的圆形提手，是没有侧片的长方形包，用布包住提手机缝也许会觉得有些难，但是用表布包住后从内侧缝合，针脚没有那么明显，所以容易操作。花纹是纵向的，非常适合打褶的设计。

○ 尺寸
48cm×34cm

○ 材料
- 表布（提花布）70cm×85cm
- 里布（斜纹棉布 红色）55cm×65cm
- 黏合衬 100cm×80cm
- 提手（MA2184 木制 直径16cm）1组

尺寸图

※缝份为1cm
※ ▨▨ 表示在背面贴上黏合衬

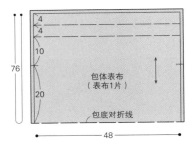

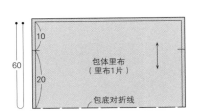

---

1 制作表袋

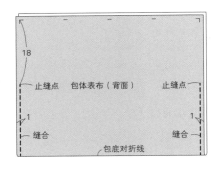

2 制作里袋

（制作内口袋）

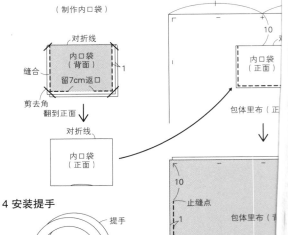

---

3 缝合开口

②把表袋和里袋背面相对对齐

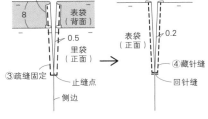

4 安装提手

※制作图中未标明单位的尺寸均以厘米（cm）为单位

02 椭圆形塑料提手的祖母包 图片: p.7

这款包使用了椭圆形塑料提手，拿起来很顺手。和作品 01 相比，除提手的形状不同之外，这款包的包底侧片做了抓角处理。另外，用里布包住提手，使包包有了亮点。

○ 尺寸

41cm×30.5cm×7cm

○ 材料

- 表布（平纹棉 利伯蒂印花布）55cm×65cm
- 里布（粗棉布 橙色）70cm×85cm
- 黏合衬 100cm×80cm
- 提手（D4 黑色 15.5cm×10.5cm）1组

尺寸图

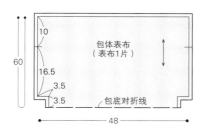

包体表布（表布1片）

10 60 16.5 3.5 3.5 包底对折线 48

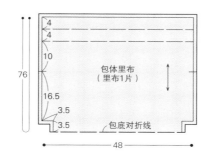

4 4 10 76 16.5 3.5 3.5 包体里布（里布1片） 包底对折线 48

※缝份为1cm
※▨表示在背面贴上黏合衬

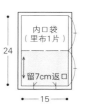

内口袋（里布1片） 24 留7cm返口 15

1 制作表袋

包体表布（背面） 止缝点 止缝点 10 1 缝合 缝合 1 对折线

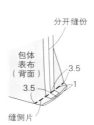

分开缝份 包体表布（背面） 3.5 3.5 1 缝侧片

2 制作里袋

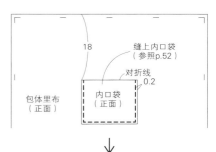

18 缝上内口袋（参照p.52） 对折线 0.2 包体里布（正面） 内口袋（正面）

↓

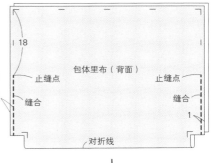

18 包体里布（背面） 止缝点 止缝点 1 缝合 缝合 1 对折线

↓

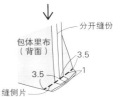

分开缝份 包体里布（背面） 3.5 3.5 1 缝侧片

3 缝合开口

把表袋和里袋背面相对对齐

折叠缝份 里袋（背面） 8 0.2 藏针缝 回针缝 表袋（正面） 侧边

4 安装提手

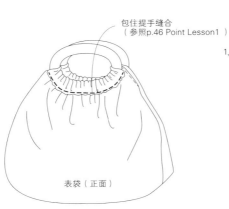

包住提手缝合（参照p.46 Point Lesson1）

表袋（正面）

03 竹节提手的大号祖母包　图片：p.8

这款大号的圆形竹节提手可以挎在肩上，用几条布襻连接袋布和提手。虽然是没有侧片的长方形包，但是在包底设计了弧度，使它的容量变大。棉麻的马德拉斯格子布和竹子的材质很搭，给人清爽的感觉。

○ 尺寸
　53cm×40cm
○ 实物大纸型
　A面【03】 1 包体

○ 材料
・表布（棉麻　马德拉斯格子布）70cm×85cm
・里布（亚麻圆圈布　原白色）80cm×85cm
・黏合衬　60cm×185cm
・提手（D33　直径21cm）1组

各部分纸型和尺寸图

※除指定以外，缝份为1cm
※ ▨ 表示在背面贴上黏合衬

包体
（表布、里布各2片）

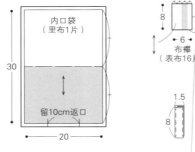

内口袋
（里布1片）

30

20

留10cm返口

8

6
布襻
（表布16片）

1.5

8

襻的制作方法
参照p.46 Point Lesson2 ）

1 制作表袋

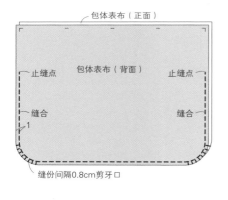

包体表布（正面）
包体表布（背面）
止缝点　　止缝点
缝合　　缝合
1
缝份间隔0.8cm剪牙口

2 制作里袋

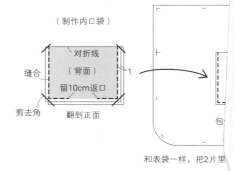

（制作内口袋）
对折线
（背面）
留10cm返口
缝合
1
剪去角
翻到正面

对折线
口袋
正面
0.2
包 布（正面）

和表袋一样，把2片里 正面相对对齐，缝合侧边和包底

3 安装提手

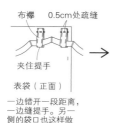

布襻　0.5cm处疏缝
夹住提手
表袋（正面）
一边错开一段距离，一边缝提手。另一侧的袋口也这样做

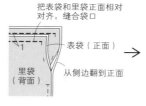

把表袋和里袋正面相对对齐，缝合袋口
表袋（正面）
1
里袋
（背面）
从侧边翻到正面

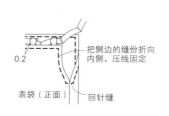

0.2
把侧边的缝份折向内侧，压线固定
表袋（正面）
回针缝

提手

04 藤编提手的小号祖母包

图片: p.9

环形藤编提手比较宽大、醒目。在做好的袋布正面，需要通过藏针缝来固定提手，所以以为了方便制作，最好用方便运针的布料。建议用薄的印度棉布。粗犷感觉的印花布也适合该提手。

○ 尺寸
34cm×24cm×8cm

○ 实物大纸型
A面【04】 1 包体

○ 材料
・表布（印度棉印花布）45cm×60cm
・里布（平纹棉布 深棕色）65cm×60cm
・黏合衬 100cm×60cm
・提手（TM-114 深棕色 直径约16cm）1组

各部分纸型和尺寸图

※缝份为1cm
※ ▨ 表示在背面贴上黏合衬

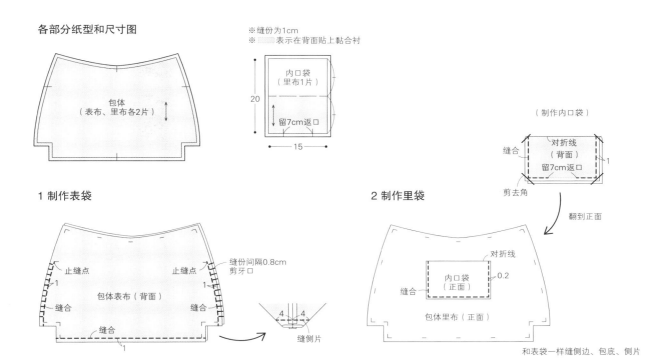

包体
（表布、里布各2片）

内口袋
（里布1片）
20
15
留7cm返口

（制作内口袋）
对折线
（背面）
缝合
留7cm返口
1
剪去角
翻到正面

1 制作表袋

止缝点
止缝点
缝份间隔0.8cm
剪牙口
1
1
缝合
缝合
包体表布（背面）
缝合
1
4 4
缝侧片

2 制作里袋

对折线
内口袋
（正面）
0.2
缝合
包体里布（正面）

和表袋一样缝侧边、包底、侧片

3 缝合袋口完成包体

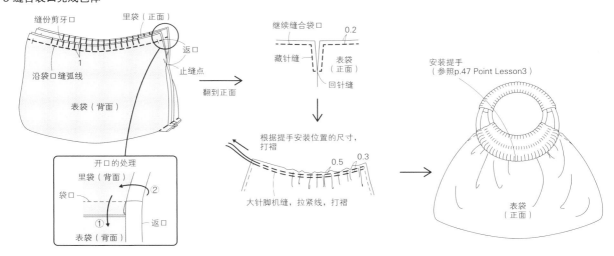

缝份剪牙口
里袋（正面）
返口
止缝点
1
沿袋口缝弧线
表袋（背面）

开口的处理
里袋（背面）
②
袋口
①
表袋（背面）
返口

翻到正面

继续缝合袋口
0.2
藏针缝
表袋（正面）
回针缝

根据提手安装位置的尺寸，打褶

0.5 0.3
大针脚机缝，拉紧线，打褶

安装提手
（参照p.47 Point Lesson3）

表袋（正面）

05　正方形塑料提手的迷你包　图片: p.10

这个正方形塑料提手为玳瑁色，可手拎或斜挎两用。斜挎时，把提手垂到下方作为装饰。如果包体用短毛皮，用缝纫机制作也没有难度。

○ 尺寸
25cm×20cm

○ 材料
- 表布（海豹皮）55cm×35cm
- 里布（斜纹棉布 斑马图案）45cm×45cm
- 黏合衬 70cm×90cm
- 提手（BR-1290 玳瑁色 12.5cm×12.5cm）1组
- 塑料链条（宽9mm）80cm
- 磁扣（直径12mm）1组

尺寸图

※除指定以外，缝份为1cm
※ ▨ 表示在背面贴上黏合衬

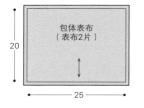
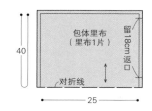
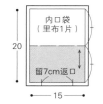

1 安装提手

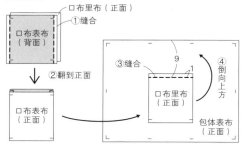
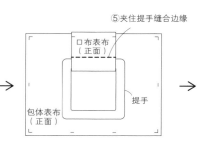

⑦另一片也用同样的方法安装提手

2 制作表袋

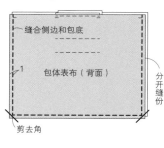

3 疏缝布襻

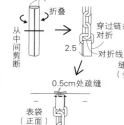

4 制作里袋

5 组合

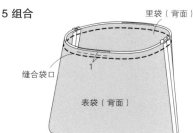

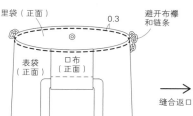
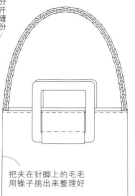

06 长方形木提手的托特包 图片: p.11

根据长方形提手的轮廓剪出开口,再用布襻把包体与提手连接。木制的提手搭配类似木纹板图案的布,应该很有意思吧。包体为竖木纹图案,侧片为横木纹图案,把它们连接在一起,效果非常好。长方形提手也可以用于作品 01、02 那样简洁的祖母包上。

○ 尺寸
36cm×28cm×12cm

○ 材料
・表布(木纹板图案的布 深棕色)
　70cm×75cm
・里布(斜纹棉布 灰色)100cm×75cm
・黏合衬 90cm×100cm
・包底垫板(聚酯树脂 厚1.5mm)36cm×12cm
・提手(D28 深棕色 15cm×9cm)1组

尺寸图

※除指定以外,缝份为1cm
※ ▨ 表示在背面贴上黏合衬

5
16
28
包体表布
(表布1片)
68
12
28
36

侧片
(表布2片)
28
12

5
16
28
包体里布
(里布1片)
68
6
6
36
包底对折线
48

内口袋
(里布1片)
30
留10cm返口
20

裁开
1
1
包底垫板(1片)
剪去角
11.5
35.5

布襻
(表布10片)
10
裁开
1.5
3

(制作布襻)
1.5
折叠
0.2

1 制作表袋

侧片(背面)
包体表布(背面)
1
把包体表布与侧片正面
相对对齐,缝合
剪牙口　　　剪牙口

2 制作里袋

缝上内口袋
(参照p.52)
缝合侧边
对折线
4
内口袋
(正面)
包体里布(背面)
1
包底对折线

分开缝份
6
6
1
缝侧片

3 组合

里袋(正面)
止缝点
①缝合袋口
分开缝份
止缝点　止缝点
②剪牙口
表袋(背面)
③翻到正面
④在表袋和里袋之间夹入包底垫板

⑥在袋口边缘压线
提手
0.2
3.5
3　3
⑤把缝份折向内侧
⑦夹入布襻疏缝
表袋(正面)

0.2
⑧藏针缝
表袋(正面)

07 带开口的木提手长方形包

图片：p.12

这款木制提手上有焦痕，提手的开口有弧度，布料比较厚的情况下，要把口布斜裁。布料为独特的滑雪图案，为了让它更醒目，可以和素色帆布进行搭配。

○ **材料**
- 表布A（提花布 滑雪图案）90cm×40cm
- 表布B（帆布8100号 旧卡其色）110cm×45cm
- 里布（帆布8100号 蓝灰色）110cm×85cm
- 黏合衬 100cm×125cm
- 提手（D22 烤清漆 23cm×17.5cm）1组

○ **尺寸**
42cm×35cm×6cm

○ **实物大纸型**
A面【07】 1 包体、2 口布

各部分纸型和尺寸图

※除指定以外，缝份为1cm
※ ▨ 表示在背面贴上黏合衬

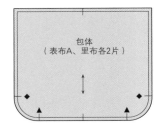

包体
（表布A、里布各2片）

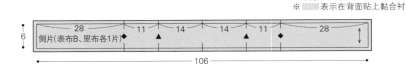

侧片（表布B、里布各1片） 6
28　11　14　14　11　28
106

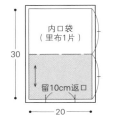

内口袋
（里布1片）
留10cm返口
30
20

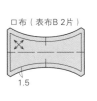

口布（表布B 2片）
1.5

---

1 制作表袋和里袋

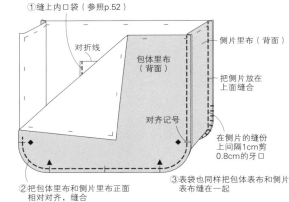

①缝上内口袋（参照p.52）
对折线
包体里布（背面）
侧片里布（背面）
把侧片放在上面缝合
对齐记号
在侧片的缝份上间隔1cm剪0.8cm的牙口
②把包体里布和侧片里布正面相对对齐，缝合
③表袋也同样把包体表布和侧片表布缝在一起

2 安装口布

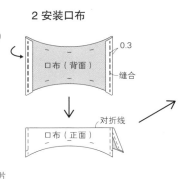

口布（背面）
0.3
缝合
对折线
口布（正面）
对折线

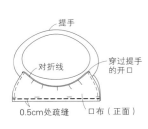

提手
对折线
穿过提手的开口
0.5cm处疏缝
口布（正面）

---

3 组合

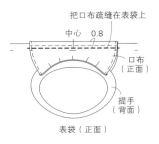

把口布疏缝在表袋上
中心　0.8
口布（正面）
提手（背面）
表袋（正面）

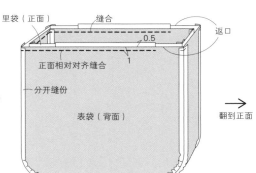

里袋（正面）
缝合
返口
0.5
正面相对对齐缝合
1
分开缝份
表袋（背面）
翻到正面

0.3
缝合
把缝份折向内侧缝合
表袋（正面）

08　带开口的木提手祖母包　图片: p.13

木提手为怀旧的款式，配上合适的包体就会像
画一样漂亮，会很受欢迎。如果觉得有点单调，
可以试着夹入流苏。如果是没有侧片的长方形
祖母包，就可以用这种方法装饰。

○ 尺寸
52cm×40cm

○ 材料
・表布（磨毛质地的法兰绒　北欧风格的图案）
　110cm×50cm
・里布（牛津布　红葡萄酒色）80cm×80cm
・黏合衬 110cm×100cm
・提手（D23　棕色 30cm×12cm）1组
・流苏（宽5cm）110cm

尺寸图

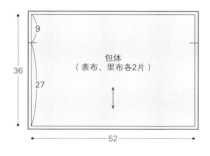

包体（表布、里布各2片）
36　27　9　52

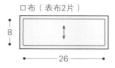

口布（表布2片）
8　26

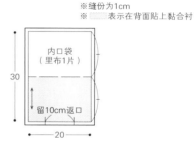

※缝份为1cm
※▨ 表示在背面贴上黏合衬

内口袋（里布1片）
30　20　留10cm返口

1 制作表袋

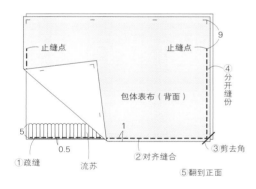

止缝点　止缝点　9
包体表布（背面）
④分开缝份
5　0.5　流苏　1
①疏缝
②对齐缝合
③剪去角
⑤翻到正面

2 制作里袋

对折线　10　止缝点　9
①缝上内口袋（参照p.52）
包体里布（背面）
④分开缝份
1
②对齐缝合
③剪去角

3 给袋口打褶

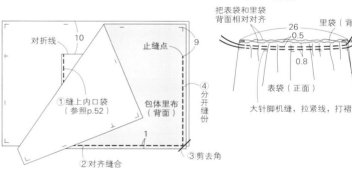

把表袋和里袋背面相对对齐
26　里袋（背面）
0.5
0.8
表袋（正面）
大针脚机缝，拉紧线，打褶

4 缝合开口

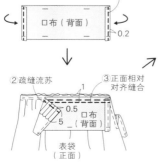

把缝份折向内侧
里袋（背面）
0.2
回针缝　藏针缝
表袋（正面）
侧边

5 缝上口布，组合

①折叠缝份后缝合
口布（背面）
0.2

②疏缝流苏　1
③正面相对对齐缝合
0.5
口布（背面）
5
表袋（正面）

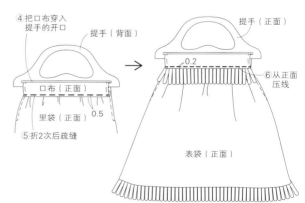

④把口布穿入提手的开口
提手（背面）
口布（正面）
里袋（正面）
0.5
⑤折2次后疏缝

提手（正面）
0.2
⑥从正面压线
表袋（正面）

09 嵌入式塑料提手的椭圆底包

图片：p.14

提手为嵌入式的小塑料提手，乍一看感觉有些难，其实它是把袋布用螺钉固定在提手的槽里的，所以安装起来非常简单。因表布有些薄，所以在包底和内侧贴边处使用了稍微有些厚的条绒布。

○ 尺寸
33cm×30cm×10cm

○ 实物大纸型
A面【09】 1 包体表布、2 包底、3 贴边、4 包底垫板

○ 材料
- 表布A（印花棉布 黑莓图案）110cm×35cm
- 表布B（条绒布 黑色）45cm×35cm
- 里布（平纹棉布 橙色）90cm×40cm
- 黏合衬 85cm×80cm
- 提手（BD1068S-1 黑色 13cm×9cm）1组
- 包底垫板（聚酯树脂 厚1.5mm）33cm×10cm

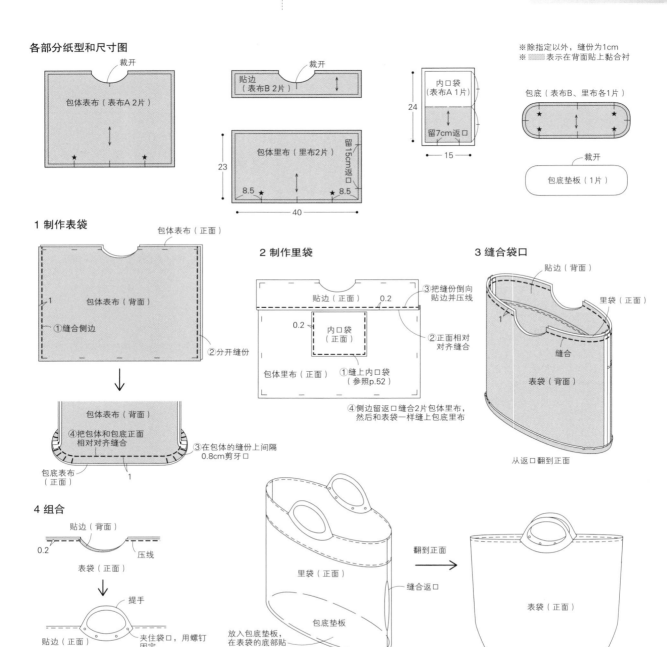

各部分纸型和尺寸图

※除指定以外，缝份为1cm
※ ▨ 表示在背面贴上黏合衬

10　嵌入式椭圆形提手的两用包 图片: p.15

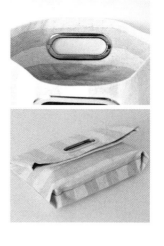

这款提手是在袋口剪出椭圆形的孔，然后再嵌入提手，作为晚宴的手拿包使用也很合适。包身为粗条纹布，一面用竖条纹，另一面用横条纹，变换折叠方向就有不同的视觉效果，非常有趣。看起来是长方形，但是包底有折叠的侧片。

○ 材料
・表布（11号亚麻帆布 横条纹）110cm×60cm
・里布（印花棉布 英文字母图案）95cm×35cm
・黏合衬 75cm×105cm
・提手（椭圆形提手 大号 镍制 11cm×5cm）1组

○ 尺寸
33cm×39cm

○ 实物大纸型
A面【10】 1 包体表布

各部分纸型和尺寸图

※缝份为1cm
※ 表示在背面贴上黏合衬

包体表布
（表布2片）

※后面把布纹 ←→ 横裁

28　24.5　3.5
33

包体里布
（里布2片）

留18cm返口

24　18

内口袋
（里布1片）

留9cm返口

2 制作里袋

对折线　1　①缝上内口袋（参照p.52）

包体里布（正面）　0.2

内口袋（正面）

1　②缝合底部

④缝合侧边
包体里布
留18cm返口
1　④缝合侧边
③折叠底部 3.5

1 制作表袋

包体表布（正面）
包体表布（背面）
①缝合底部 1

→

③缝合侧边
1
包体表布（背面）
③缝合侧边
折边　折边
②折叠底部 3.5

3 组合

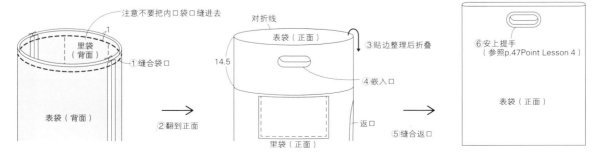

注意不要把内口袋口缝进去
1
里袋（背面）
①缝合袋口
表袋（背面）
②翻到正面

→

对折线
表袋（正面）
14.5
③贴边整理后折叠
④嵌入口
返口
里袋（正面）
⑤缝合返口

→

⑥安上提手
（参照p.47Point Lesson 4）
表袋（正面）

11　金属夹扣圆提手的褶皱包　图片：p.18

两端都带金属夹扣，用它夹住袋布，并用钳子夹紧。安装很方便，普通的包包等都可以使用。圆形皮革提手可以手拎，也可以挎在肩上，手感柔软，非常舒适。

○ **尺寸**
　　45cm×30cm
○ **实物大纸型**
　　A面【11】　1 包体

○ **材料**
・表布（印花棉布 水玉图案）100cm×35cm
・里布（亚麻衬布 绿色）70cm×70cm
・黏合衬　100cm×85cm
・提手（KM-17 深棕色 0.8cm×40cm）1组

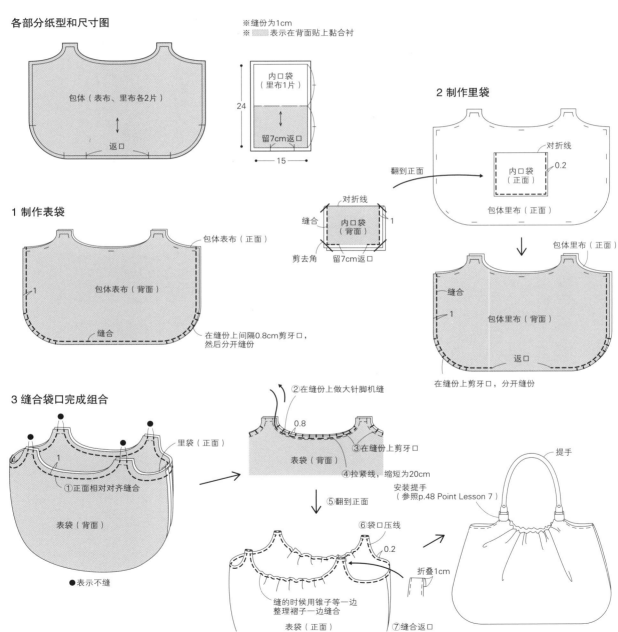

各部分纸型和尺寸图

※缝份为1cm
※ ▒ 表示在背面贴上黏合衬

包体（表布、里布各2片）
返口

内口袋（里布1片）
24
留7cm返口
15

1 制作表袋

包体表布（正面）
包体表布（背面）
1
缝合
在缝份上间隔0.8cm剪牙口，然后分开缝份

对折线
缝合
内口袋（背面）
1
剪去角
留7cm返口

2 制作里袋

翻到正面
对折线
内口袋（正面）
0.2
包体里布（正面）

包体里布（正面）
缝合
1
包体里布（背面）
返口
在缝份上剪牙口，分开缝份

3 缝合袋口完成组合

里袋（正面）
1
①正面相对对齐缝合
表袋（背面）
●表示不缝

②在缝份上做大针脚机缝
0.8
表袋（背面）
③在缝份上剪牙口
④拉紧线，缩短为20cm

⑤翻到正面

⑥袋口压线
0.2
缝的时候用锥子等一边整理褶子一边缝合
表袋（正面）
折叠1cm
⑦缝合返口

安装提手
（参照p.48 Point Lesson 7）
提手

12 铆接提手的竖长托特包

图片: p.19

在宽皮革带上打孔，再用铆钉固定，在袋布全部缝好后再来安装提手。提手为天然牛皮，包底为帆布，它们的色调一致，是这款包的亮点，中间配什么样的布都很搭。

◯ 尺寸
30cm×38cm×8cm

◯ 材料
- 表布A（印花棉布）105cm×35cm
- 表布B（复古风帆布 8100号 棕色）45cm×55cm
- 里布（条绒棉布 黄色）45cm×75cm
- 黏合衬 85cm×110cm
- 提手[BM–4116 棕色 双面铆钉 8组（2~2.5）cm×40cm]1组

尺寸图

※缝份为1cm
※ ▨ 表示在背面贴上黏合衬

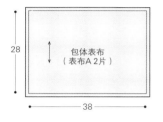
包体表布（表布A 2片）
28 / 38

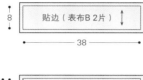
贴边（表布B 2片）
8 / 38

包底（表布B 1片）
28 / 10 / 4 / 4
包底中心对折线
38

包体里布（里布1片）
68 / 30 / 4 / 4
留15cm返口
包底中心对折线
38

内口袋（表布A 1片）
30 / 20
留10cm返口

1 制作表袋

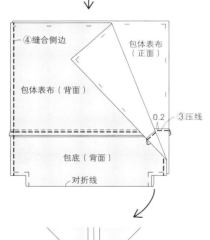

包体表布（正面）
1
①正面相对对齐缝合，缝份倒向包底
包底（背面）
②另一侧也用同样的方法缝合

④缝合侧边
包体表布（正面）
包体表布（背面）
0.2 ③压线
包底（背面）
对折线
4 / 4
⑤缝侧片

2 制作里袋

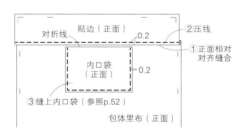

对折线
贴边（正面）
0.2
②压线
①正面相对对齐缝合
内口袋（正面）
0.2
③缝上内口袋（参照p.52）
包体里布（正面）

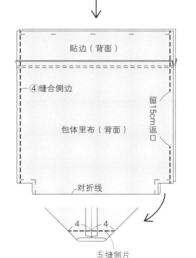

贴边（背面）
④缝合侧边
包体里布（背面）
留15cm返口
对折线
4 / 4
⑤缝侧片

3 缝合袋口

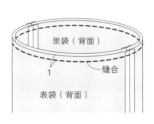

里袋（背面）
缝合
1
表袋（背面）

翻到正面

4 组合

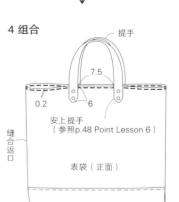

提手
7.5
0.2
6
安上提手（参照p.48 Point Lesson 6）
缝合返口
表袋（正面）

13　可调节提手长度的椭圆包　图片: p.20

包体上缝有帆布带，把它穿入皮革提手上的环，完成包体与提手的连接。在缝拉链时，为了缝合方便，可以先把皮带解开。在使用带有金属配件的提手时，需要注意使拉链和其他金属配件的颜色一致。

○ 材料
- 表布A（棉帆布 仙人掌图案）105cm×35cm
- 表布B（8号帆布 深蓝色）65cm×35cm
- 里布（斜纹棉布 紫红色）90cm×75cm
- 黏合衬　100cm×90cm
- 拉链 长50cm 1根
- 提手[BM-365S 黑色 1cm×（33~36）cm]1组
- 包底垫板（聚酯树脂 厚1.5mm）32cm×10cm
- 铆钉（直径10mm）4组

○ 尺寸
32cm×32cm×10cm

○ 实物大纸型
A面【13】 1 包体表布、2 包底、3 包体里布

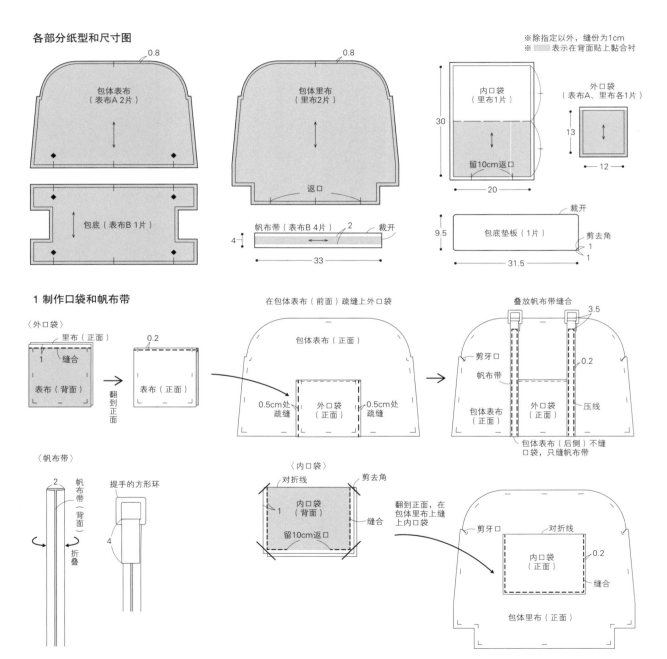

各部分纸型和尺寸图

※除指定以外，缝份为1cm
※ ▨表示在背面贴上黏合衬

0.8
包体表布（表布A 2片）

0.8
包体里布（里布2片）
返口

包底（表布B 1片）

帆布带（表布B 4片） 2 裁开
4
33

内口袋（里布1片）
30
留10cm返口
20

外口袋（表布A、里布各1片）
13
12

包底垫板（1片）
9.5
31.5
裁开
剪去角
1
1

1 制作口袋和帆布带

〈外口袋〉
里布（正面）
0.2
1 缝合
表布（背面）
表布（正面）
翻到正面

在包体表布（前面）疏缝上外口袋

包体表布（正面）
0.5cm处疏缝　外口袋（正面）　0.5cm处疏缝

叠放帆布带缝合
3.5
剪牙口
帆布带
包体表布（正面）
外口袋（正面）
压线
0.2
包体表布（后侧）不缝口袋，只缝帆布带

〈帆布带〉
2
帆布带（背面）
折叠

提手的方形环
4

〈内口袋〉
对折线
剪去角
1
内口袋（背面）
缝合
留10cm返口

翻到正面，在包体里布上缝上内口袋

剪牙口
对折线
内口袋（正面）
0.2
缝合
包体里布（正面）

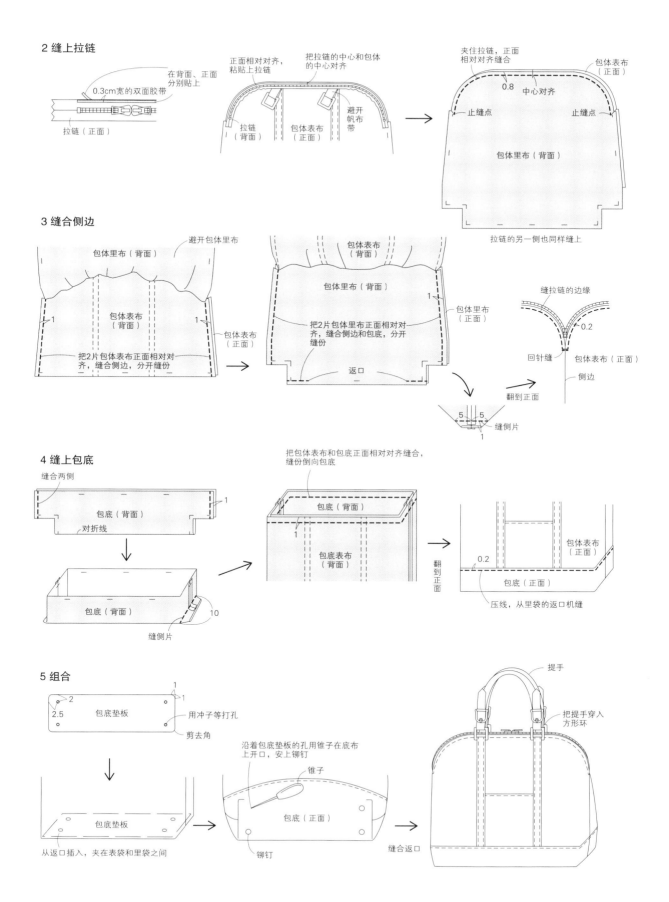

2 缝上拉链

在背面、正面分别贴上

0.3cm宽的双面胶带

拉链（正面）

正面相对对齐，粘贴上拉链

把拉链的中心和包体的中心对齐

拉链（背面）

包体表布（正面）

避开帆布带

夹住拉链，正面相对对齐缝合

0.8 中心对齐

包体表布（正面）

止缝点

止缝点

包体里布（背面）

拉链的另一侧也同样缝上

3 缝合侧边

避开包体里布

包体里布（背面）

包体表布（背面）

1

1

包体表布（背面）

包体表布（正面）

把2片包体表布正面相对对齐，缝合侧边，分开缝份

把2片包体里布正面相对对齐，缝合侧边和包底，分开缝份

包体表布（背面）

包体里布（背面）

包体里布（正面）

返口

缝拉链的边缘

0.2

回针缝

包体表布（正面）

侧边

翻到正面

5 5

缝侧片

1

4 缝上包底

缝合两侧

包底（背面）

1

对折线

包底（背面）

缝侧片

10

把包体表布和包底正面相对对齐缝合，缝份倒向包底

包底（背面）

包体表布（背面）

包底表布（背面）

翻到正面

0.2

包体表布（正面）

包底（正面）

压线，从里袋的返口机缝

5 组合

1

2

1

2.5

包底垫板

用冲子等打孔

剪去角

包底垫板

从返口插入，夹在表袋和里袋之间

沿着包底垫板的孔用锥子在底布上开口，安上铆钉

锥子

包底（正面）

铆钉

缝合返口

提手

把提手穿入方形环

14　皮革提手的长方形包　图片：p.21

提手的两端有圆环，制作与提手宽度相同的布襻，再与袋布连接。这款包适合挎在肩上，非常好用。虽然看起来像学生用的长方形包，但如果用皮革提手，成年人也适合。

○ 尺寸
45cm×36cm

○ 材料
・表布（棉布）100cm×50cm
・里布（斜纹棉布 方格图案）70cm×60cm
・黏合衬　100cm×100cm
・提手（KM-43 黑色 1.8cm×50cm）1组

尺寸图

※除指定以外，缝份为1cm
※ ▨ 表示在背面贴上黏合衬

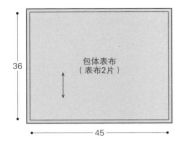

包体表布
（表布2片）
36
45

贴边（表布2片）
8
45

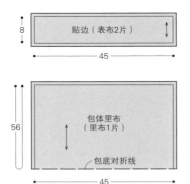

包体里布
（里布1片）
56
45
包底对折线

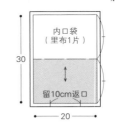

内口袋
（里布1片）
30
留10cm返口
20

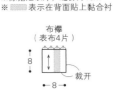

布襻
（表布4片）
8
8
裁开

1 制作表袋

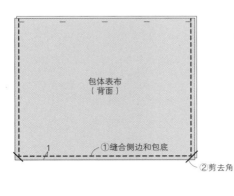

包体表布
（背面）
①缝合侧边和包底
1
②剪去角

2 制作里袋

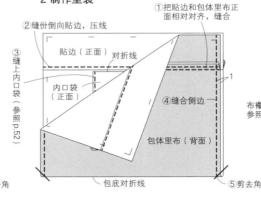

①把贴边和包体里布正面相对对齐，缝合
②缝份倒向贴边，压线
贴边（正面）　对折线
③缝上内口袋（参照p.52）
内口袋（正面）
④缝合侧边
1
包体里布（背面）
包底对折线
⑤剪去角

3 制作布襻

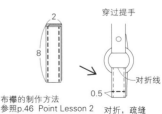

2
8
穿过提手
对折线
0.5
布襻的制作方法
参照p.46 Point Lesson 2
对折，疏缝

4 组合

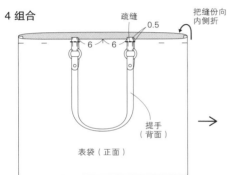

疏缝
0.5
把缝份向内侧折
6　6
提手（背面）
表袋（正面）

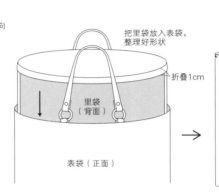

把里袋放入表袋，整理好形状
折叠1cm
里袋（背面）
表袋（正面）

0.2
表袋（正面）

15　用暗扣固定皮革提手的两用包　图片：p.22

这款包是用厚的人字呢做成，配上鲜红的皮革提手，里布使用了和提手很搭的布（参照二封）。提手内侧安有暗扣，可以把包口很好地固定住。而且，在里袋的两侧如果装上龙虾扣和 D 形环来固定，就可以变成大的立方体包，内层空间可以分开使用。

○ 材料
- ·表布（棉麻人字呢）130cm×50cm
- ·里布（亚麻 心形图案）150cm×50cm
- ·黏合衬 70cm×190cm
- ·提手（BM-6026 红色 2.5cm×60cm）1组
- ·龙虾扣、D形环（AKD-31-12 宽12mm）1组

○ 尺寸
60cm（袋口）/30cm（包底）×30cm×30cm

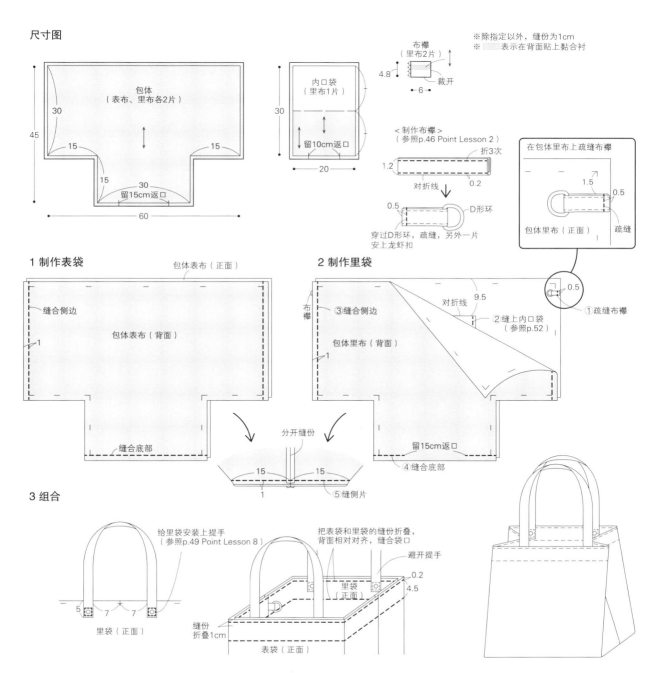

尺寸图

※除指定以外，缝份为1cm
※▨表示在背面贴上黏合衬

包体（表布、里布各2片）
30
45
15　15
15
30　留15cm返口
60

内口袋（里布1片）
30
留10cm返口
20

布襻（里布2片）
4.8
6
裁开

＜制作布襻＞（参照p.46 Point Lesson 2）
1.2
对折线
0.2
折3次
0.5
D形环
穿过D形环，疏缝，另外一片安上龙虾扣

在包体里布上疏缝布襻
1.5
0.5
包体里布（正面）
疏缝

1 制作表袋

包体表布（正面）
缝合侧边
包体表布（背面）
1
缝合底部
分开缝份
15　15
1
缝侧片

2 制作里袋

布襻
③缝合侧边
对折线　9.5
②缝上内口袋（参照p.52）
包体里布（背面）
1
留15cm返口
④缝合底部
①疏缝布襻
0.5

3 组合

给里袋安装上提手（参照p.49 Point Lesson 8）
5　7　7
里袋（正面）

把表袋和里袋的缝份折叠，背面相对对齐，缝合袋口
避开提手
里袋（正面）
0.2
4.5
缝份折叠1cm
表袋（正面）

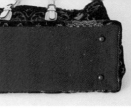

16 可调节长度的皮革提手的托特包

图片：p.23

这款托特包是用带绒的布料做成的，提手很结实，还可调节长度，可放心使用。提手的上部可以拆下来，所以可以全部缝好后再安装。因为提手可以调节长度，所以手拎、单肩背都很方便。

○ 尺寸

40cm×34cm×14cm

○ 材料

- 表布A（带绒的提花布）115cm×45cm
- 表布B（8号帆布 红色）45cm×35cm
- 里布（斜纹棉布 开心果绿色）80cm×80cm
- 黏合衬 110cm×120cm
- 拉链 长20cm 1根
- 提手[KM-25 自然色 1.5cm×（51~63）cm]1组
- 包底垫板（聚酯树脂 厚1.5mm）40cm×14cm
- 铆钉（直径12mm）4组
- 四合扣（直径11mm）2组

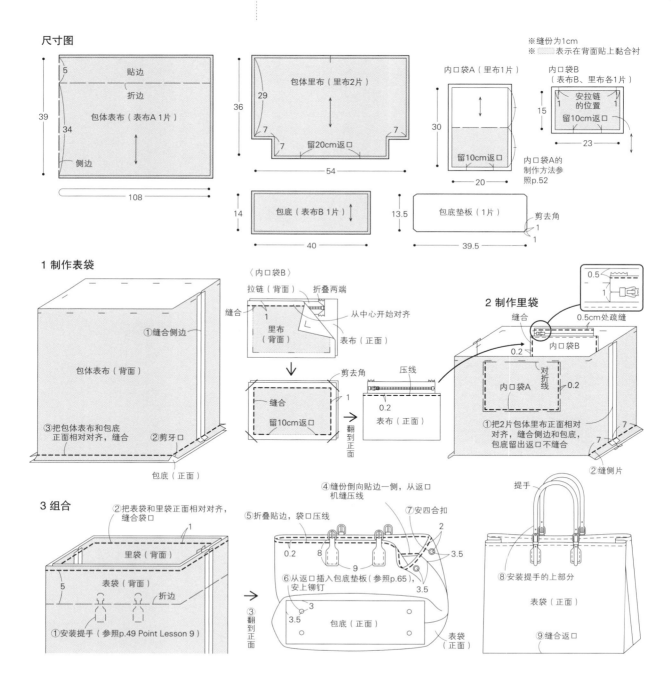

17 可调节长度的皮革带斜挎包 图片：p.24

用皮革提手也能轻松地做出斜挎包。把提手底端手缝在表布上，最后用铆钉穿透里布来加固。

○ 尺寸
33cm×29cm×5cm

○ 实物大纸型
A面【17】 1 包体、2 侧片

○ 材料
- 表布（8号帆布 水玉图案）90cm×40cm
- 里布（平纹棉布 橙色）110cm×40cm
- 黏合衬 100cm×70cm
- 拉链 长30cm 1根
- 提手[BS-1236A 棕色 2.2cm×（115~125）cm]1组
- 双面铆钉（直径9mm）2组

各部分纸型和尺寸图

※除指定以外，缝份为1cm
※ ▨ 表示在背面贴上黏合衬

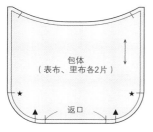

包体（表布、里布各2片）
返口

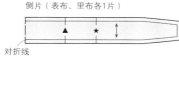

侧片（表布、里布各1片）
对折线

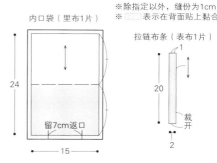

内口袋（里布1片）
24
15
留7cm返口

拉链布条（表布1片）
20
2
裁开

1 安上拉链

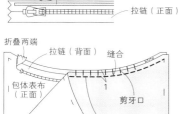

0.3
在正面、背面分别贴上双面胶带
拉链（正面）

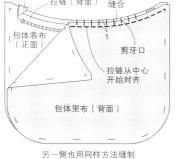

折叠两端
拉链（背面）
缝合
包体表布（正面）
1
剪牙口
拉链从中心开始对齐
包体里布（背面）

另一侧也用同样方法缝制

2 把包体表布与侧片表布缝合

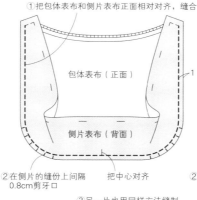

①把包体表布和侧片表布正面相对对齐，缝合
包体表布（正面）
1
侧片表布（背面）
②在侧片的缝份上间隔0.8cm剪牙口
把中心对齐
③另一片也用同样方法缝制

3 把包体里布与侧片里布缝合

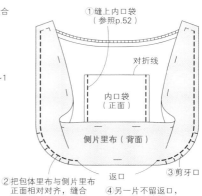

①缝上内口袋（参照p.52）
对折线
内口袋（正面）
侧片里布（背面）
返口
③剪牙口
②把包体里布与侧片里布正面相对对齐，缝合
④另一片不留返口，用同样方法缝制

4 组合

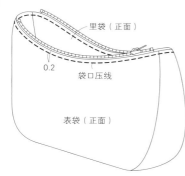

翻到正面，整理形状
里袋（正面）
0.2
袋口压线
表袋（正面）

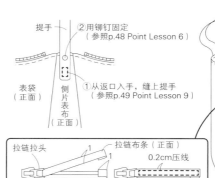

提手
②用铆钉固定（参照p.48 Point Lesson 6）
表袋（正面）
侧片表布（正面）
①从返口入手，缝上提手（参照p.49 Point Lesson 9）
拉链拉头
拉链布条（正面）
1
1
0.2cm压线

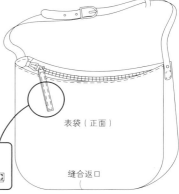

表袋（正面）
缝合返口

18 可调节长度的皮革带双肩包 图片: p.25

使用 2 根皮革带，与三角环、D 形环组合到一起，就可以做出双肩包了。为了便于皮革带穿过三角环、D 形环后手缝，在皮革带上另外打了孔。

○ 尺寸
36cm×42cm

○ 实物大纸型
B 面【18】 1 背面口袋 A、2 背面口袋 B、3 包盖

○ 材料
- 表布 (印花棉布 蘑菇图案) 95cm×45cm
- 里布 (牛津棉布 深棕色) 80cm×75cm
- 黏合衬 100cm×75cm
- 隐形拉链 长20cm 1根
- 包带 [BS-7036A 深棕色 2.2cm× (60~70) cm] 2根
- 搭扣 (KA-12 深棕色 10.5cm×6cm) 1组
- 双面气眼23号 (内径9mm) 12组
- 棉绳 (直径4mm) 100cm
- 抽绳扣 (KB-47 45mm×13mm) 1个
- D形环 (AK-86-25 AG 内径25mm) 2个
- 三角环 (AK-85-30 AG 内径30mm) 1个

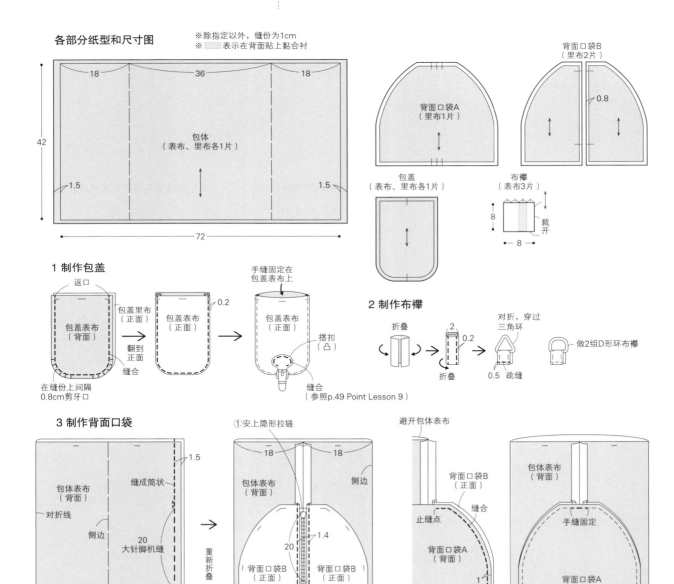

各部分纸型和尺寸图

※除指定以外，缝份为1cm
※ ▨ 表示在背面贴上黏合衬

1 制作包盖

2 制作布襻

3 制作背面口袋

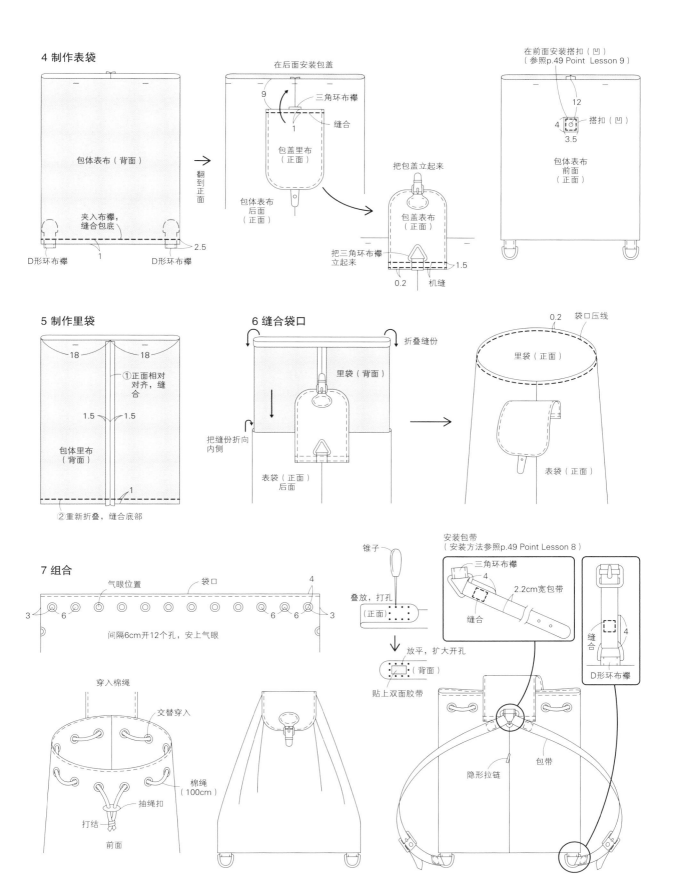

4 制作表袋

在后面安装包盖

包体表布（背面）

翻到正面

夹入布襻，缝合包底

D形环布襻 1

D形环布襻 2.5

9

三角环布襻

缝合

包盖里布（正面）

包体表布后面（正面）

把包盖立起来

包盖表布（正面）

把三角环布襻立起来

0.2 机缝 1.5

在前面安装搭扣（凹）
（参照p.49 Point Lesson 9）

12

4 搭扣（凹）

3.5

包体表布前面（正面）

5 制作里袋

18 18

①正面相对对齐，缝合

1.5 1.5

包体里布（背面）

②重新折叠，缝合底部

1

6 缝合袋口

折叠缝份

里袋（背面）

把缝份折向内侧

表袋（正面）后面

0.2 袋口压线

里袋（正面）

表袋（正面）

7 组合

气眼位置 袋口 4

3 6 6 6 3

间隔6cm开12个孔，安上气眼

锥子

叠放，打孔

（正面）

放平，扩大开孔

（背面）

贴上双面胶带

安装包带
（安装方法参照p.49 Point Lesson 8）

三角环布襻 4

2.2cm宽包带

缝合

缝合 4

D形环布襻

穿入棉绳

交替穿入

棉绳（100cm）

抽绳扣

打结

前面

隐形拉链

包带

71

19　杯套　图片：p.25

杯套与作品18双肩包是一套，它使用了较细的提手。皮革提手如果使用配套的龙虾扣和D形环，只用布襻把它们连接在一起，非常简单，布襻用相同的布制作。

○ **尺寸**
　　10cm×25cm

○ **实物大纸型**
　　B面【19】 1 包底

○ **材料**
・表布（印花棉布　蘑菇图案）50cm×30cm
・里布（牛津棉布 深棕色）50cm×30cm
・黏合衬 90cm×30cm
・提手（BS-2226A 深棕色 1cm×22cm）1组
・双面气眼23号（内径9mm）8组
・棉绳（直径4mm）50cm
・抽绳扣（KB-40 45mm×13mm）1个

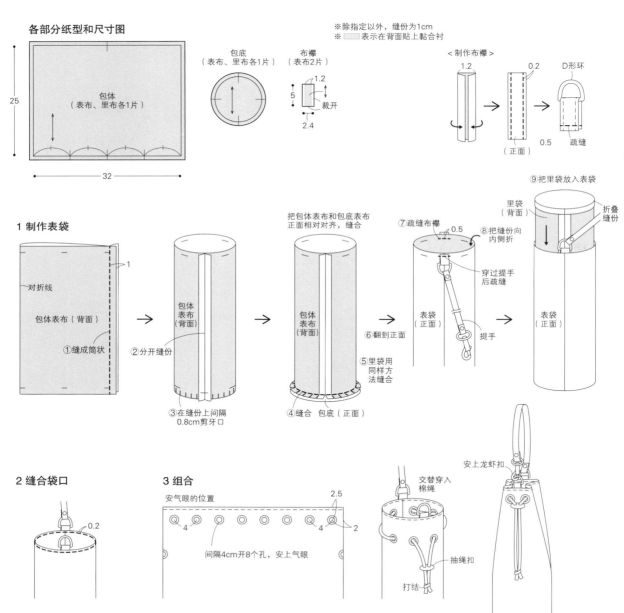

各部分纸型和尺寸图

※除指定以外，缝份为1cm
※▨表示在背面贴上黏合衬

包体
（表布、里布各1片）
25
32

包底
（表布、里布各1片）

布襻
（表布2片）
1.2
5
裁开
2.4

＜制作布襻＞
1.2　　0.2　　D形环
（正面）　0.5　疏缝

1 制作表袋

对折线
包体表布（背面）
①缝成筒状　1

②分开缝份
包体表布（背面）

③在缝份上间隔0.8cm剪牙口

把包体表布和包底表布正面相对对齐，缝合
包体表布（背面）
④缝合 包底（正面）
⑤里袋用同样方法缝合

⑦疏缝布襻　0.5
⑧把缝份向内侧折
穿过提手后疏缝
表袋（正面）
⑥翻到正面
提手

⑨把里袋放入表袋
里袋（背面）
折叠缝份
表袋（正面）

2 缝合袋口

0.2

3 组合

安气眼的位置　2.5
4　　　4　2
间隔4cm开8个孔，安上气眼

交替穿入棉绳
抽绳扣
打结

安上龙虾扣

72

24　直棒形提手的正方形包

图片: p.31

直棒形提手很早以前就有。安装方法是将一侧的圆球取下来，袋布缝好后，把棒子穿过缝好的穿棒口，最后在边端抹上黏合剂、嵌上圆球。这款包虽然造型简洁，但是会给人留下深刻的印象。

○ 尺寸
　35cm×35cm×10cm

○ 实物大纸型
　B面【24】　1 包体

○ 材料
・表布（条纹棉布）95cm×60cm
・里布（亚麻布 芥末黄色）120cm×60cm
・黏合衬 100cm×130cm
・提手（MA2256　宽31cm）2根
・包底垫板（聚酯树脂 厚1.5mm）35cm×10cm

各部分纸型和尺寸图

※除指定以外，缝份为1cm
※▨▨▨表示在背面贴上黏合衬

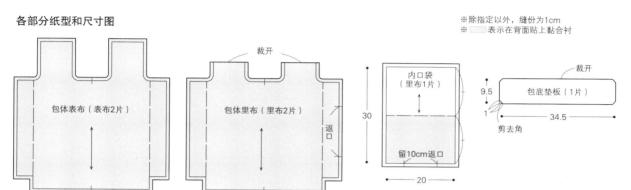

裁开

包体表布（表布2片）

裁开

包体里布（里布2片）

返口

内口袋（里布1片）

30

20

留10cm返口

裁开

9.5

1

包底垫板（1片）

剪去角

34.5

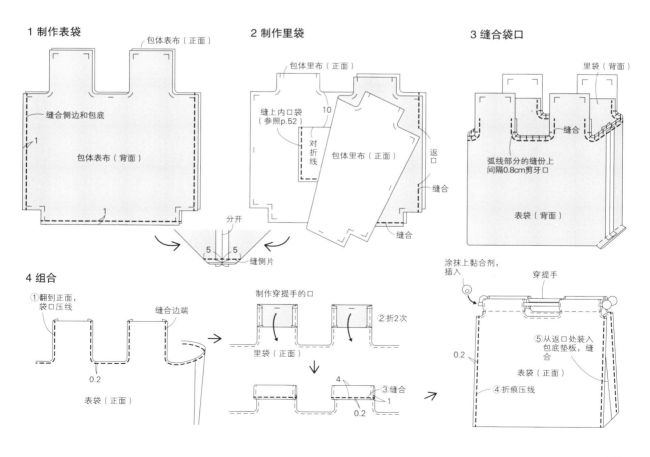

1 制作表袋

包体表布（正面）

缝合侧边和包底

包体表布（背面）

1

1

分开

5　5

缝侧片

2 制作里袋

包体里布（正面）

缝上内口袋（参照p.52）

10

对折线

包体里布（正面）

返口

缝合

缝合

3 缝合袋口

里袋（背面）

缝合

弧线部分的缝份上间隔0.8cm剪牙口

表袋（背面）

4 组合

①翻到正面，袋口压线

缝合边端

0.2

表袋（正面）

制作穿提手的口

里袋（正面）

②折2次

4

③缝合

1

0.2

涂抹上黏合剂，插入

穿提手

⑤从返口处装入包底垫板，缝合

0.2

表袋（正面）

④折痕压线

20　U形金属提手的长方形包　图片：p.28

银色的金属提手酷酷的，夹入袋布后，只用铆钉固定即可。即使是长方形包，也可以把包底做成圆形，把里布露出一点来点缀，可以用点心思美化一下。

○ 尺寸
　36cm×40.4cm
○ 实物大纸型
　B面【20】 1 包体

○ **材料**
・表布（亚麻布 鸟的图案） 80cm×45cm
・里布（亚麻布 黄绿色）110cm×45cm
・黏合衬 100cm×90cm
・提手（K6215 双面铆钉 14.5cm×15cm）1组

各部分纸型和尺寸图

包体
（表布、里布各2片）

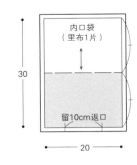

内口袋
（里布1片）

30

留10cm返口

20

※ 缝份为1cm
※ 表示在背面贴上黏合衬

1 制作表袋

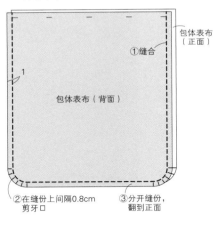

① 缝合
包体表布
（正面）

1

包体表布（背面）

② 在缝份上间隔0.8cm 剪牙口

③ 分开缝份，翻到正面

2 制作里袋

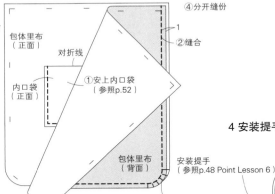

④ 分开缝份

1

② 缝合

包体里布
（正面）

对折线

内口袋
（正面）

① 安上内口袋
（参照p.52）

包体里布
（背面）

③ 剪牙口

安装提手
（参照p.48 Point Lesson 6）

4 安装提手

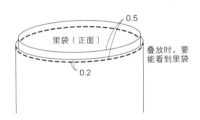

提手

3.5

表袋（正面）

3 缝合袋口

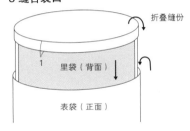

折叠缝份

1

里袋（背面）

表袋（正面）

0.5

里袋（正面）

0.2

叠放时，要能看到里袋

21 迷你包 图片：p.28

为了与作品 20 的金属提手配套，迷你包上安装了银色的金属链。链子两端配有小龙虾扣，龙虾扣上有小 D 形环，很协调。

○ **尺寸**
10cm×18.5cm

○ **实物大纸型**
B 面【21】 1 包体

○ **材料**
· 表布（亚麻布 鸟的图案）30cm×25cm
· 里布（亚麻布 黄绿色）30cm×25cm
· 黏合衬 60cm×25cm
· 带龙虾扣的链条（K111 镍制 0.7cm×38cm）
  1 组
· D 形环（宽 10mm）2 个

各部分纸型和尺寸图

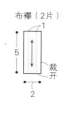

布襻（2 片）

※除指定以外，缝份为 1cm
※ ▨ 表示在背面贴上黏合衬

包体
（表布、里布各 2 片）

<制作布襻>

穿过 D 形环，对折

布襻的制作方法参照
p.46 Point Lesson 2

0.5 疏缝

做 2 个

1 制作表袋和里袋

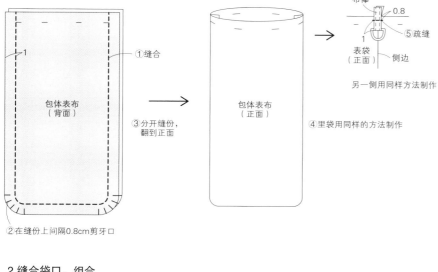

①缝合

包体表布
（背面）

①缝合

③分开缝份，翻到正面

②在缝份上间隔 0.8cm 剪牙口

包体表布
（正面）

布襻 0.8
⑤疏缝
1
表袋（正面） 侧边

另一侧用同样方法制作

④里袋用同样的方法制作

带龙虾扣的链条

表袋（正面）

2 缝合袋口，组合

折叠缝份

里袋（背面）

1

表袋（正面）

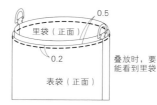

0.5

里袋（正面）

0.2

表袋（正面）

叠放时，要能看到里袋

22　U形竹节提手的带外袋的托特包　图片: p.29

该款托特包的包底用了简洁的侧片。U形竹节提手上有横开的开口，可以从这里穿环来安装，如果是布包，建议用线直接来固定。这样，在内侧缝上纽扣就比较结实。外口袋使用的印花布与里布相同。

○ 尺寸
33cm（包底）/42cm（袋口）×26cm×9cm

○ 材料
- 表布（复古风帆布8100号 米色）90cm×35cm
- 里布、口袋（印花棉布 鸟笼图案）70cm×70cm
- 黏合衬 90cm×85cm
- 提手（D36 17cm×11.5cm）1组
- 纽扣（直径15mm）4个
- 包底垫板（聚酯树脂 厚1.5mm）33cm×9cm

※除指定以外，缝份为1cm
※▨ 表示在背面贴上黏合衬

尺寸图

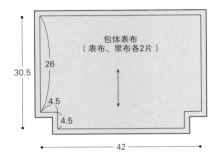

包体表布
（表布、里布各2片）
30.5
26
4.5
4.5
42

外口袋、内口袋
（里布2片）

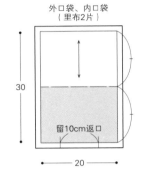

30
留10cm返口
20

包底垫板
（1片）
8.5
32.5
裁开
1
1
剪去角

1 制作表袋和里袋

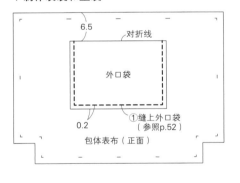

6.5
对折线
外口袋
0.2
①缝上外口袋
（参照p.52）
包体表布（正面）

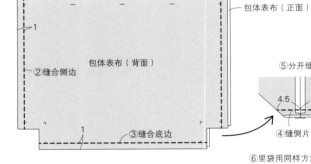

包体表布（正面）
1
②缝合侧边
包体表布（背面）
1
③缝合底边
⑤分开缝份
4.5　4.5
④缝侧片
⑥里袋用同样方法制作

2 缝合袋口

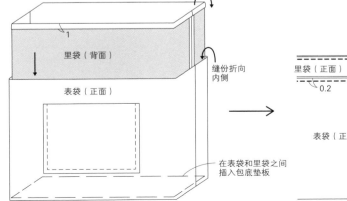

缝份折向外侧
1
里袋（背面）
表袋（正面）
缝份折向内侧
在表袋和里袋之间插入包底垫板

里袋（正面）
0.2
表袋（正面）

3 安装提手

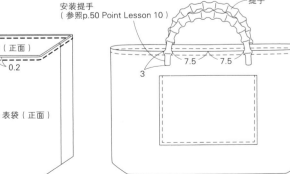

安装提手
（参照p.50 Point Lesson 10）
提手
3
7.5　7.5

23　U形木制提手的简约托特包

图片: p.30

这款托特包尺寸与作品 22 相同，形状也相同。用布襻穿过包包提手的开口，再用袋布的口夹住布襻缝合，关键是巧妙避开提手，用机缝缝合袋口。包体的图案上下如果有搭配时，或者布料不够时，在包底中心线连接，不用裁开。

○ 材料

- 表布（棉麻帆布 叶子图案）90cm×35cm
- 里布（亚麻布 绿色）70cm×65cm
- 黏合衬 90cm×80cm
- 提手（PM−6 深棕色 19cm×10cm）1组
- 包底垫板（聚酯树脂 厚1.5mm）33cm×9cm

○ 尺寸

33cm（包底）/42cm（袋口）×26cm×9cm

※除指定以外，缝份为1cm
※ ▨▨▨ 表示在背面贴上黏合衬

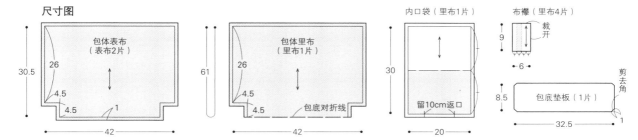

尺寸图

包体表布（表布2片）　30.5　26　4.5　4.5　1　42

包体里布（里布1片）　61　26　4.5　4.5　包底对折线　42

内口袋（里布1片）　30　留10cm返口　20

布襻（里布4片）　9　裁开　6

包底垫板（1片）　8.5　包底垫板（1片）　剪去角　32.5　1

1 制作表袋

2 制作里袋

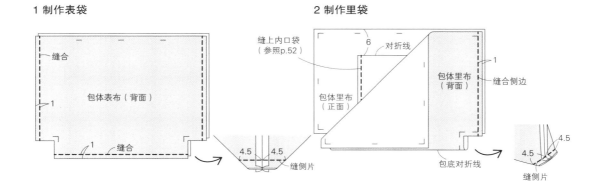

1 制作表袋
缝合　包体表布（背面）　1　缝合　1

2 制作里袋
缝上内口袋（参照p.52）　6　对折线　1　包体里布（正面）　包体里布（背面）　缝合侧边　包底对折线　4.5　4.5　缝侧片　4.5　4.5　缝侧片

3 安上提手，组合

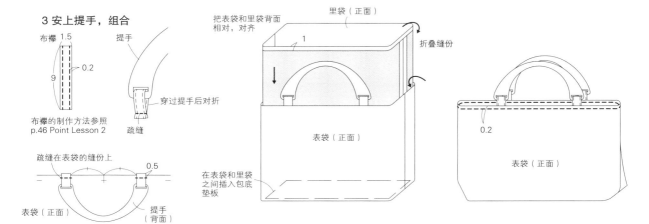

布襻 1.5　0.2　9
提手　穿过提手后对折　疏缝
布襻的制作方法参照 p.46 Point Lesson 2

疏缝在表袋的缝份上　0.5
表袋（正面）　提手（背面）

把表袋和里袋背面相对，对齐
里袋（正面）　折叠缝份　1
表袋（正面）
在表袋和里袋之间插入包底垫板

0.2
表袋（正面）

25　蜗牛扣固定的麻编提手购物袋　图片: p.32

提手是用麻绳卷成的，两端再安上木制环。固定部分的形状像蜗牛，好像提手的环切割成了两半，用螺钉把提手固定在包体上。提手的材料比较软，所以可以调整安装的位置。

○ 尺寸
　24cm×27cm×12cm
○ 实物大纸型
　B面【25】　1 包体、2 包底、3 包底垫板

○ 材料
- 表布（黄麻布 格子图案）100cm×50cm
- 里布（亚麻布 格子图案）100cm×70cm
- 黏合衬100cm×80cm
- 提手（BM-3587 黑色 1cm×35cm）1组
- 木制蜗牛扣（KEW-40 原白色 40mm×20mm）
- 包底垫板（聚酯树脂 厚1.5mm）24cm×12cm

各部分纸型和尺寸图

※除指定以外，缝份为1cm
※ ▨▨▨ 表示在背面贴上黏合衬

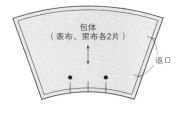

包体（表布、里布各2片）
返口

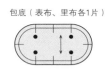

包底（表布、里布各1片）

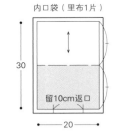

内口袋（里布1片）
30
20
留10cm返口

裁开
包底垫板（1片）

---

1 制作表袋

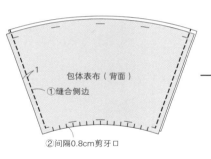

包体表布（背面）
①缝合侧边
②间隔0.8cm剪牙口

包体表布（背面）
③分开缝份
对齐记号
包底表布（正面）
④把包体表布和包底表布正面相对对齐，缝合

2 制作里袋

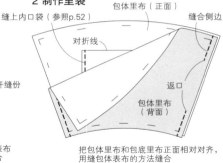

缝上内口袋（参照p.52）
包体里布（正面）
缝合侧边
对折线
返口
包体里布（背面）

把包体里布和包底里布正面相对对齐，用缝包体表布的方法缝合

---

3 缝合袋口

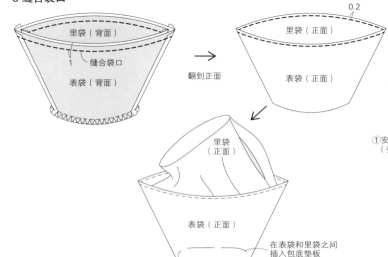

里袋（背面）
1
缝合袋口
表袋（背面）

翻到正面

0.2
里袋（正面）
表袋（正面）

里袋（正面）
表袋（正面）
在表袋和里袋之间插入包底垫板

4 安装提手，完成组合

提手
①安装提手
（参照p.50 Point Lesson 11）
蜗牛扣
表袋（正面）
②缝合返口

26 花形扣固定藤编提手的百褶包 图片: p.33

提手的材质为藤条，两端的环可以穿布襻，或者可以直接用线缝上，此处试着用大号的椰子扣来固定。里侧用小一圈的纽扣固定。给宽幅的条纹布打褶，因为加了侧片，所以也可以挎在肩上。

○ 尺寸
50cm×33cm

○ 实物大纸型
B面【26】 1 包体、2 内口袋

○ 材料
· 表布A（条纹棉布）114cm×35cm
· 表布B（复古风帆布 8100号 旧卡其色）
　55cm×25cm
· 里布（亚麻布 格子图案）60cm×115cm
· 黏合衬 55cm×75cm
· 提手（TM-107 21cm×24cm）1组
· 椰子扣（EH-41 直径45mm）4个
· 纽扣（直径15mm）4个

各部分纸型和尺寸图

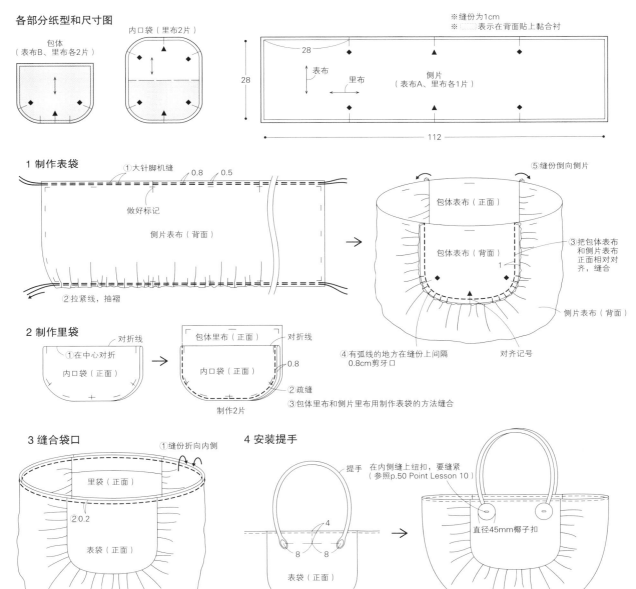

※缝份为1cm
※ [::::] 表示在背面贴上黏合衬

包体
（表布B、里布各2片）

内口袋（里布2片）

28

28

表布
里布
侧片
（表布A、里布各1片）

112

1 制作表袋

①大针脚机缝
0.8　0.5
做好标记
侧片表布（背面）
②拉紧线，抽褶

⑤缝份倒向侧片
包体表布（正面）
包体表布（背面）
③把包体表布和侧片表布正面相对对齐，缝合
1
侧片表布（背面）
④有弧线的地方在缝份上间隔0.8cm剪牙口
对齐记号

2 制作里袋

①在中心对折
对折线
内口袋（正面）

包体里布（正面）
对折线
内口袋（正面）
0.8
②疏缝
制作2片
③包体里布和侧片里布用制作表袋的方法缝合

3 缝合袋口

①缝份折向内侧
里袋（正面）
②0.2
表袋（正面）

4 安装提手

提手　在内侧缝上纽扣，要缝紧（参照p.50 Point Lesson 10）
4
8　8
表袋（正面）

直径45mm椰子扣

27 单提手牛角包形单肩包

图片: p.34

塑料制成的单提手单肩包可以夹在腋下，携带方便，袋布用螺钉固定，适合侧边没有接缝的设计。盖布较小，内侧安有磁扣。

○ 尺寸
35cm×22cm×8cm

○ 实物大纸型
B面【27】 1 包体、2 侧片、3 盖布

○ 材料
- 表布（帆布 水滴图案）50cm×80cm
- 里布（密织平纹棉布 蓝色）50cm×80cm
- 黏合衬 100cm×80cm
- 提手（TA–109 黑色 28cm×20cm）1组
- 磁扣（Y34 镍制 直径14mm）1组

各部分纸型和尺寸图

※缝份为1cm
※ ▨ 表示在背面贴上黏合衬

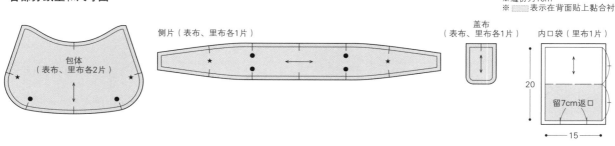

包体（表布、里布各2片）

侧片（表布、里布各1片）

盖布（表布、里布各1片）

内口袋（里布1片）

20

留7cm返口

15

1 制作表袋

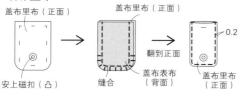

②把包体表布和侧片表布正面相对对齐，缝合

包体表布（正面）

侧片表布（背面）

①在包体表布弧线部分和侧片表布缝合部分的缝份上间隔0.8cm剪牙口

对齐记号

包体表布（背面）

③把另一片包体表布和侧片表布正面相对对齐，缝合

侧片表布（背面）

包体表布（正面）

2 制作里袋

①缝合内口袋（参照p.52）

包体里布（正面）

对折线

侧片里布（背面）

②把包体里布和侧片里布正面相对对齐，缝合

③同表袋的方法缝合

3 制作盖布

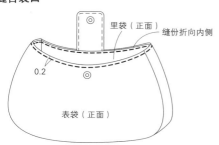

盖布里布（正面）

盖布里布（正面）

0.2

翻到正面

盖布里布（正面）

安上磁扣（凸）

缝合

盖布表布（背面）

盖布里布（正面）

0.8cm处疏缝

表袋后面（正面）

盖布里布（正面）

缝上磁扣（凹）

表袋前面（正面）

4 缝合袋口

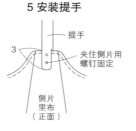

里袋（正面）

缝份折向内侧

0.2

表袋（正面）

5 安装提手

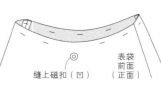

提手

3

夹住侧片用螺钉固定

侧片里布（正面）

提手

29 包袱皮布饺子包 图片: p.38

受欢迎的包袱皮包，只是给包袱皮的包身加上了提手。提手在布上用皮条加固，两端安上 D 形环。如果使用水玉和彩色格子的双面布，会更加有趣。当然，也可以与别的图案的包袱皮进行组合。

○ 尺寸
提手（含 D 形环）4cm×36cm
包袱皮 90cm×90cm

○ 材料
- 表布（棉麻 双面印花布）110cm×100cm
- 黏合衬 10cm×45cm
- 天然皮革带（NT–20 深紫色 20mm宽）40cm
- D形环（M39 镍制 40mm×27mm）4个
- 双面铆钉（长腿）2组

尺寸图

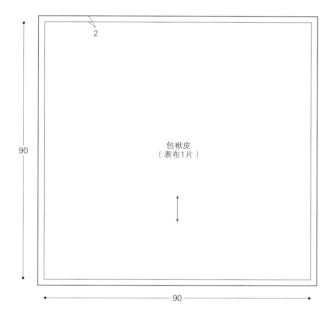

包袱皮
（表布1片）

90
90
2

※ ▨ 表示在背面贴上黏合衬

提手
（表布2片）

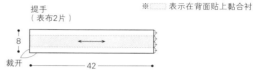

8
裁开
42

1 制作提手

与中心线对齐，把双面胶带贴在天然皮革带上

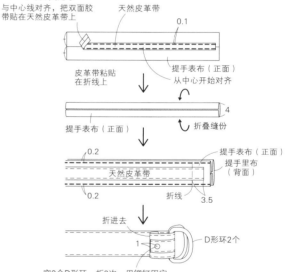

天然皮革带
0.1
提手表布（正面）
从中心开始对齐
皮革带粘贴在折线上

提手表布（正面）
4
折叠缝份

0.2
0.2
天然皮革带
折线
3.5
提手表布（正面）
提手里布（背面）

折进去
1
D形环2个

穿2个D形环，折2次，用铆钉固定
（参照p.48 Point Lesson 6）

2 制作包袱皮

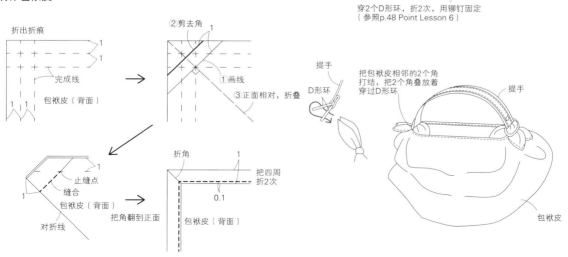

折出折痕
完成线
包袱皮（背面）
1
1
1
1

②剪去角 1
①画线
③正面相对，折叠

止缝点
缝合
包袱皮（背面）
对折线
把角翻到正面
1
1

折角 1
把四周折2次
0.1
包袱皮（背面）

提手
D形环

把包袱皮相邻的2个角打结，把2个角叠着穿过D形环

提手
包袱皮

28 单提手带包盖手拎包 图片: p.35

这款单提手为玳瑁色的塑料制品，两端有开口。从开口穿入吊带，然后安在包盖的顶端，看起来有些难，但是按顺序安装，应该没有问题。如果想做成复古风的手拎包，可以使用同材质的带珠子的磁扣。

○ 尺寸
　36cm×23cm×8cm

○ 实物大纸型
　B面【28】　1 包体、2 侧片、3 包盖

○ 材料
・表布（11号帆布 利伯蒂印花布）90cm×60cm
・里布（复古风帆布8100号 深棕色）85cm×60cm
・黏合衬　100cm×90cm
・提手（BS-203 20cm×8cm×2.4cm）1根
・带珠子的磁扣（AK-69-25 玳瑁色 直径25mm）1组
・包底垫板（聚酯树脂 厚1.5mm）36cm×8cm

各部分纸型和尺寸图

※除指定以外，缝份为1cm
※▨▨▨表示在背面贴上黏合衬

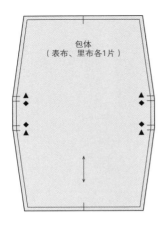

包体
（表布、里布各1片）

包盖
（表布、里布各1片）

侧片
（表布、里布各2片）

吊带（表布1片）　1.5
3　裁开　34

1 剪去角　裁开
7.5　包底垫板（1片）
35.5

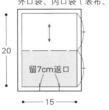

外口袋、内口袋（表布、里布各1片）
20　留7cm返口
15

〈外、内口袋〉
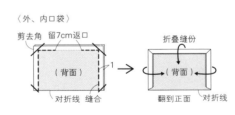

剪去角　留7cm返口　1
（背面）
对折线　缝合
→
折叠缝份
（背面）
翻到正面　对折线

1 制作表袋和里袋

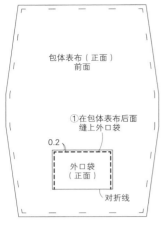

包体表布（正面）
前面

①在包体表布后面缝上外口袋
0.2
外口袋（正面）
对折线

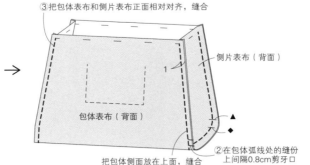

③把包体表布和侧片表布正面相对对齐，缝合
侧片表布（背面）
1
包体表布（背面）
把包体侧面放在上面，缝合
②在包体弧线处的缝份上间隔0.8cm剪牙口

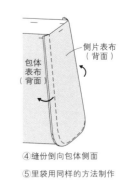

侧片表布（背面）
包体表布（背面）
④缝份倒向包体侧面
⑤里袋用同样的方法制作

2 制作包盖

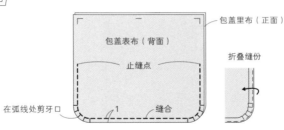

包盖里布（正面）
包盖表布（背面）
止缝点
在弧线处剪牙口　1　缝合
折叠缝份

3 在包盖上安装提手

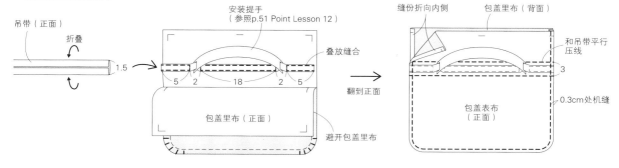

吊带（正面）
折叠
1.5

安装提手
（参照p.51 Point Lesson 12）
叠放缝合
5　2　18　2　5
包盖里布（正面）
避开包盖里布
翻到正面

缝份折向内侧
包盖里布（背面）
和吊带平行压线
3
包盖表布（正面）
0.3cm处机缝

4 给表袋安装包盖

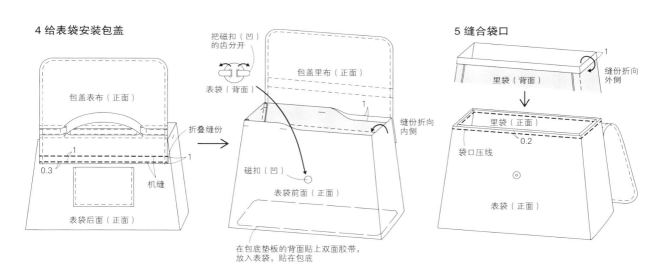

包盖表布（正面）
折叠缝份
1
0.3
机缝
表袋后面（正面）

把磁扣（凹）的齿分开
表袋（背面）
包盖里布（正面）
1
缝份折向内侧
磁扣（凹）
表袋前面（正面）
在包底垫板的背面贴上双面胶带，放入表袋，贴在包底

5 缝合袋口

里袋（背面）
1
缝份折向外侧
里袋（正面）
0.2
袋口压线
表袋（正面）

6 组合

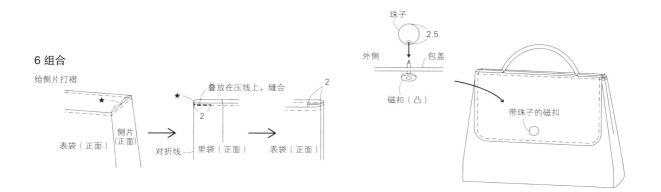

给侧片打褶
★
表袋（正面）
侧片（正面）
对折线

叠放在压线上，缝合
★
2
里袋（正面）
2
表袋（正面）

珠子
2.5
外侧
包盖
磁扣（凸）
带珠子的磁扣

83

30　可拆卸布包带的单肩包　图片：p.39

金属配件是大号的龙虾扣上穿2个环，穿上手帕或者围巾等细长的布，就变身为提手，非常方便。与有气眼或者圆环的包袋连接，可以立刻变为手拎包；去掉包带折叠使用可以折成扁包，当作旅行包使用。

○ 尺寸

33cm（包底）/45cm（袋口）×29cm×12cm

○ 材料

- 表布A（伊势木棉）38cm×125cm
- 表布B（牛仔布）82cm×50cm
- 黏合衬　20cm×15cm
- 包边条　0.7cm×70cm
- W环形龙虾扣（环的内径33mm×90mm）2个
- 齿可劈开的气眼（AK-75-22 S 外径37mm/内径22mm）4组
- 圆环（直径40mm）2个

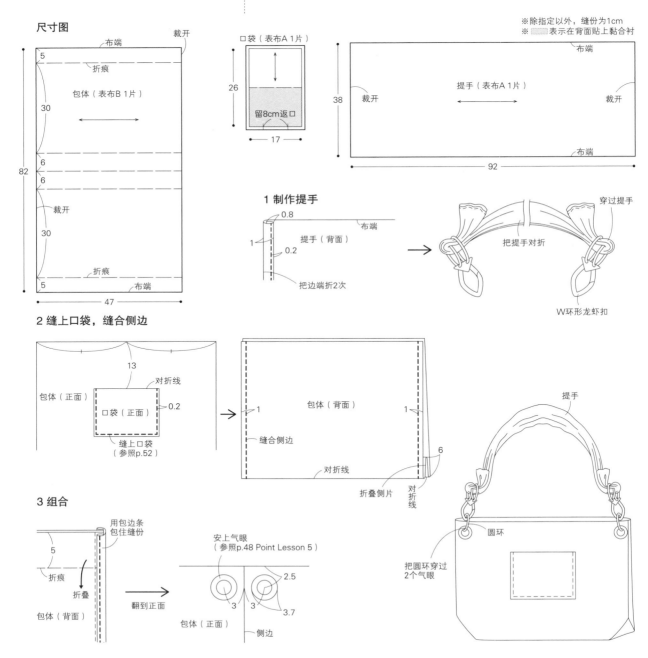

尺寸图

※除指定以外，缝份为1cm
※ ▨ 表示在背面贴上黏合衬

布端　裁开
5
折痕
包体（表布B 1片）
30
82
6
6
裁开
30
折痕
5
布端
47

口袋（表布A 1片）
26
留8cm返口
17

布端
38　裁开　提手（表布A 1片）　裁开
布端
92

1 制作提手

0.8
布端
1
提手（背面）
0.2
把边端折2次

穿过提手
把提手对折
W环形龙虾扣

2 缝上口袋，缝合侧边

13
对折线
包体（正面）
口袋（正面）　0.2
缝上口袋
（参照p.52）

1　包体（背面）　1
缝合侧边
对折线
折叠侧片
对折线
6

提手
圆环
把圆环穿过2个气眼

3 组合

5
折痕
折叠
包体（背面）
翻到正面

安上气眼
（参照p.48 Point Lesson 5）
2.5
3　3　3.7
包体（正面）
侧边
用包边条包住缝份

31、32 棉绳提手的海洋风托特包+小包 图片：p.40

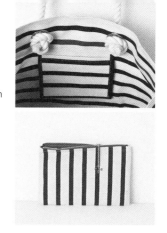

这款包的提手需要用特粗的棉绳和大号气眼。棉绳穿过气眼后打一个结就行了，取下来更换也很方便，如果把棉绳包上与包体同样的布，不仅手感舒服，还可以避免把棉绳弄脏。如果再做一个配套的小包，就可以把窄幅的布料用完，不浪费。

○ 尺寸

大包 45cm×36cm×12cm
小包 23cm×15cm

○ 材料

- 表布（海军蓝色、原白色、红色）43cm×200cm
- 棉绳（MR-125 直径12mm）180cm
- 带齿的气眼（AK-75-22·S 外径37mm/内径22mm）4组
- 包边条 0.7cm×140cm
- 拉链 长20cm 1根
- 链条 长5cm
- 圆环 2个
- 小鸟拉头 1个

裁剪图（托特包和小包）

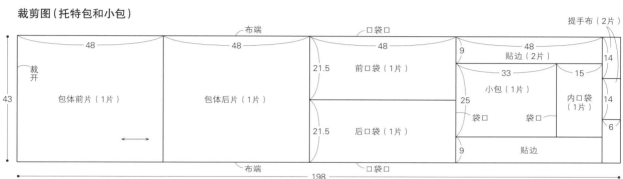

〈托特包〉

1 缝上外口袋

2 缝合侧边

3 缝贴边

4 缝上内口袋

5 组合

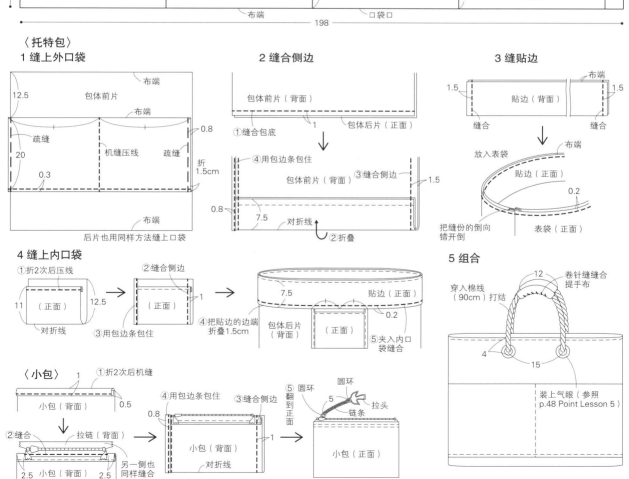

〈小包〉

33 椰壳扣提手的两用迷你包

图片：p.41

把大号椰壳扣用尼龙线穿起来，就可以做成提手。因为提手比较纤细，所以不适合用于大包，但是它的长度可以自由调整，可以用多余的椰壳扣修饰带子的边端。可以用更多的椰壳扣，使包包更加华丽，但是重的、容易破碎的椰壳扣不适合做提手，建议使用椰壳扣或者木珠。

○ 尺寸
31cm×24cm

○ 材料
- 表布（粗布风格的先染蓝色圆圈蕾丝布）40cm×75cm
- 里布（亚麻布 原白色）55cm×55cm
- 黏合衬 35cm×65cm
- 椰壳扣（PCB-8 自然色 直径8mm）1袋100个 4袋
- 尼龙线（粗0.3mm）100cm

尺寸图

※除指定以外，缝份为1cm
※ ▨ 表示在背面贴上黏合衬

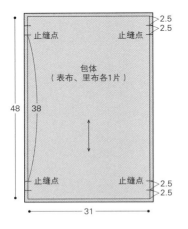

包体
（表布、里布各1片）

48　38
31
2.5
2.5
止缝点

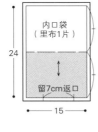

内口袋
（里布1片）
24
15
留7cm返口

带子（表布2片）
3
70
裁开

1 制作提手

把椰壳扣穿在尼龙线上　轻轻地打结　39　轻轻地打结

2 制作表袋

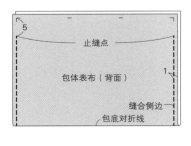

5　止缝点
包体表布（背面）
1
缝合侧边
包底对折线

3 制作里袋

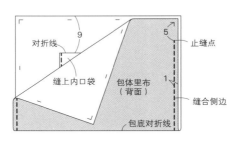

5　止缝点
对折线　9
缝上内口袋
包体里布（背面）
1
缝合侧边
包底对折线

4 缝合袋口

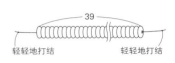

里袋（正面）
1　缝合
表袋（背面）
从侧边翻到正面，把缝份折向内侧

5 安上提手
（参照p.51 Point Lesson 13）

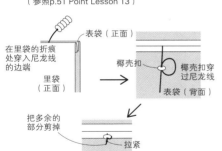

在里袋的折痕处穿入尼龙线的边端
里袋（正面）
表袋（正面）
椰壳扣
椰壳扣穿过尼龙线
表袋（背面）
把多余的部分剪掉　拉紧

6 穿入带子

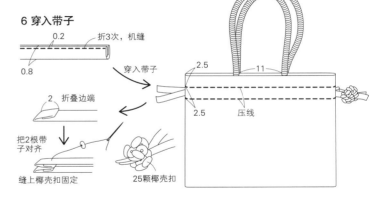

0.2　折3次，机缝
0.8
穿入带子
2　折叠边端
把2根带子对齐
缝上椰壳扣固定
25颗椰壳扣
2.5　11
2.5　压线

34　圆环提手的祖母包　图片：p.42

提手使用与包包一样的布,把布裁成包边条后,一圈圈缠住塑料环就可以了。也可以使用缎带,但是不如包边条缠得紧凑,如果布不够,也可以使用现成的包边条。找不到合适的圆形提手时,可以尝试一下这个方法。

○ 尺寸
36cm×24cm×6cm

○ 材料
- 表布（棉麻 碎花布）110cm×90cm
- 里布（平纹棉布 橙色）45cm×55cm
- 黏合衬 90cm×75cm
- 提手（D5 透明 直径13cm）1组

尺寸图

※除指定以外,缝份为1cm
※ 表示在背面贴上黏合衬

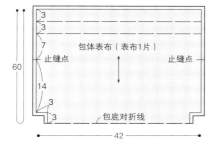
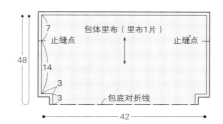
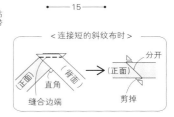

1 制作提手

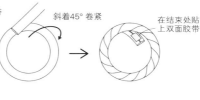

2 制作表袋

3 制作里袋

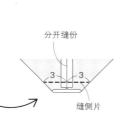

4 缝开口

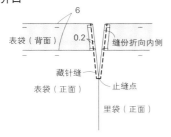

5 安上提手

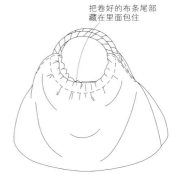

Yuka Koshizen
越 膳 夕 香

出生于北海道旭川市。曾经做过女性杂志编辑，后转行成为作家。
在手工杂志、图书上，发表了很多作品，如布制小物、编织小物等。
从和服布料到皮革，使用材质的范围非常广。
开办了崇尚自由的手工教室"夕香俱乐部"，让大家各自用喜欢的材料做出想做的东西。
分享把日常生活中需要用到的东西做成自己的风格后而感受到的快乐。

MOCHITE WO TANOSHIMU BAG（NV70407）

Copyright © Yuka Koshizen/NIHON VOGUE-SHA 2017 All rights reserved.

Photographers：SHINOBU SHIMOMURA，YUKARI SHIRAI

Original Japanese edition published in Japan by NIHON VOGUE Corp.

Simplified Chinese translation rights arranged with BEIJING BAOKU INTERNATIONAL

CULTURAL DEVELOPMENT Co.，Ltd.

严禁复制和出售（无论商店还是网店等任何途径）本书中的作品。
版权所有，翻印必究
备案号：豫著许可备字–2017–A–0157

图书在版编目（CIP）数据

让手作包与众不同的百变提手 /（日）越膳夕香著; 罗蓓译. —郑州：河南科学技术出版社，2021.11
　ISBN 978–7–5725–0555–3

Ⅰ.①让… Ⅱ.①越…②罗… Ⅲ.①包袋—制作 Ⅳ.①TS941.75

中国版本图书馆CIP数据核字（2021）第157922号

出版发行：河南科学技术出版社
　　　　　地址：郑州市郑东新区祥盛街27号　　邮编：450016
　　　　　电话：(0371) 65737028　65788613
　　　　　网址：www.hnstp.cn
策划编辑：刘　欣
责任编辑：刘　瑞
责任校对：耿宝文
封面设计：张　伟
责任印制：张艳芳
印　　刷：河南新达彩印有限公司
经　　销：全国新华书店
开　　本：787 mm×1 092 mm　1/16　印张：5.5　字数：150千字
版　　次：2021年11月第1版　2021年11月第1次印刷
定　　价：59.00元

如发现印、装质量问题，影响阅读，请与出版社联系并调换。